城市综合管廊建设与管理系列指南

城市综合管廊工程设计指南

丛书主编　胥　东
本书主编　金兴平

中国建筑工业出版社

图书在版编目（CIP）数据

城市综合管廊工程设计指南 / 金兴平本书主编. —北京：中国建筑工业出版社，2018.2
（城市综合管廊建设与管理系列指南 / 胥东丛书主编）
ISBN 978-7-112-21531-7

Ⅰ.①城… Ⅱ.①金… Ⅲ.①市政工程 — 地下管道 —设计 — 指南　Ⅳ.① TU990.3-62

中国版本图书馆CIP数据核字（2017）第284622号

　　综合管廊是根据规划要求将多种市政公用管线集中敷设在一个地下市政公用隧道空间内的现代化、集约化的城市公用基础设施。

　　本套指南共 6 册，分别为《城市综合管廊工程设计指南》、《城市综合管廊工程施工技术指南》、《城市综合管廊运行与维护指南》、《装配式综合管廊工程应用指南》、《城市综合管廊智能化应用指南》和《城市综合管廊经营管理指南》，本套指南的发行对规范我国综合管廊投资建设、运行维护、智能化应用及经营管理等行为，提升规划建设管理水平，高起点、高标准地推进综合管廊的规划、设计、施工、经营等一系列的建设工作和管廊全生命周期管理，具有非常重要的引导和支撑保障作用。

责任编辑：赵晓菲　朱晓瑜
版式设计：京点制版
责任校对：李欣慰

城市综合管廊建设与管理系列指南

城市综合管廊工程设计指南

丛书主编　胥　东
本书主编　金兴平

＊

中国建筑工业出版社出版、发行（北京海淀三里河路9号）
各地新华书店、建筑书店经销
北京京点图文设计有限公司制版
北京富生印刷厂印刷

＊

开本：787×1092毫米　1/16　印张：9　字数：162千字
2018年1月第一版　2018年1月第一次印刷
定价：42.00元
ISBN 978-7-112-21531-7
　　　（31193）

指南（系列）编委会

主　　任：胥　东

副 主 任：沈　勇　　金兴平　　莫海岗　　宋　伟　　钱　晖

委　　员：张国剑　　宋晓平　　方建华　　林凡科　　胡益平

　　　　　刘敬亮　　闻军能　　曹献稳　　林金桃

本指南编写组

主　　编：金兴平

副 主 编：胥　东　　沈　勇　　钱　晖　　刘敬亮

编写成员：方建华　　林凡科　　胡益平　　陈伟浩　　李鹏世

　　　　　陈　璞　　王下军　　苏文建　　娄　彬

丛书前言

城市综合管廊是根据规划要求将多种市政公用管线集中敷设在一个地下市政公用隧道空间内的现代化、集约化的城市公用基础设施。城市综合管廊建设是 21 世纪城市现代化建设的热点和衡量城市建设现代化水平的标志之一，其作为城市地下空间的重要组成部分，已经引起了党和国家的高度重视。近几年，国家及地方相继出台了支持城市综合管廊建设的政策法规，并先后设立了 25 个国家级城市管廊试点，对推动综合管廊建设有重要的积极作用。

城市综合管廊作为重要民生工程，可以将通信、电力、排水等各种管线集中敷设，将传统的"平面错开式布置"转变为"立体集中式布置"，大大增加地下空间利用效率，做到与地下空间的有机结合。城市综合管廊不仅可以逐步消除"马路拉链"、"空中蜘蛛网"等问题，用好地下空间资源，提高城市综合承载能力，满足民生之需，而且可以带动有效投资、增加公共产品供给，提升新型城镇化发展质量，打造经济发展新动力。

本套指南共 6 册，分别为《城市综合管廊工程设计指南》、《城市综合管廊工程施工技术指南》、《城市综合管廊运行与维护指南》、《装配式综合管廊工程应用指南》、《城市综合管廊智能化应用指南》和《城市综合管廊经营管理指南》，本套指南的发行对规范我国综合管廊投资建设、运行维护、智能化应用及经营管理等行为，提升规划建设管理水平，高起点、高标准地推进综合管廊的规划、设计、施工、经营等一系列的建设工作和管廊全生命周期管理，具有非常重要的引导和支撑保障作用。

本套指南在编写过程中，虽然经过反复推敲、深入研究，但内容在专业上仍不够全面，难免有疏漏之处，恳请广大读者提出宝贵意见。

本书前言

为贯彻落实国家关于推进城市综合管廊建设的有关文件及精神，指导城市综合管廊工程设计，集约利用浙江城市地下空间，提高市政公用管线建设标准及安全性能，编制本指南

本指南适用于城市综合管廊工程设计。

本指南主要包括规划、勘察、总体设计、管线设计、附属设施设计、结构设计、智慧管廊平台设计、安全设计等内容。

城市综合管廊工程设计除可参照本指南外，尚应符合国家、地方现行相关的法规和标准的规定。

本指南由杭州市城市建设发展集团有限公司金兴平主编，胥东、沈勇、钱晖、刘敬亮副主编，成员为方建华、林凡科、胡益平、陈伟浩、李鹏世、陈璞、王下军、苏文建、娄彬。本指南在编写过程中，参考了相关作者的著作，在此特向他们一并表示谢意。

本指南中难免有疏漏和不足之处，敬请专家和读者批评、指正。

目　录

第1章 概　述

1.1　综合管廊建设背景意义

城市"综合管廊"（又名共同沟、共同管道）是指在城市道路的地下空间建造一个集约化隧道，将电力、通信、供水排水、热力、燃气等多种市政管线集中在一体，实行"统一规划、统一建设、统一管理"。综合管廊设有专门的检修口、吊装口和监测、控制系统。综合管廊是合理利用地下空间资源，解决地下各类管网设施能力不足、各自为政和开膛破肚、重复建设等问题，促进地下空间综合利用和资源共享的有效途径。

欧、美洲国家"综合管廊"已有170余年发展历史，日本后来居上。近年来，国内部分城市开展试点建设，已有北京（国内最早，1958年）、上海、广州、武汉、济南、沈阳等城市应用实例，技术日渐成熟，规模逐渐增长。通过建设综合管廊，实现城市基础设施现代化，达到对地下空间的合理开发利用，已经成为共识。

综合我国国民经济持续发展、人口城镇化率不断提高、土地利用日趋紧张、人们思想观念逐步转变等因素，城市综合管廊建设将具有良好的发展前景。

城市地下空间资源作为城市的自然资源，在经济建设、民防建设、环境建设及城市可持续发展方面具有重要意义。而作为城市生命线的各类地下管网不仅是城市的重要基础设施，还是现代化城市高效率、高质量运转的保证；更是环境保护和土地等资源有效利用，使城市发展与资源、环境容量相适应，促进人与自然的和谐发展的客观要求。

城市综合管廊是市政管线集约化建设的趋势，也是城市基础设施现代化建设的方向。传统的市政管线直埋方式，不但造成城市道路的反复开挖，而且对城市地下空间资源本身也是一种浪费。集约各种管线，采用综合管廊的方式建设，是一种较为科学合理的建设模式，综合管廊已经成为衡量城市基础设施现代化水平的标志之一。

1997年建设部颁布的《城市地下空间的开发利用管理规定》（中华人民共和国建设部令第58号），将地下管线综合管廊的建设和规划纳入了法制化的轨道。

2014 年 6 月，国务院办公厅《关于加强城市地下管线建设管理的指导意见》（国办发〔2014〕27 号）指出，2015 年年底前，完成城市地下管线普查，建立综合管理信息系统，编制完成地下管线综合规划。力争用 5 年时间，完成城市地下老旧管网改造，将管网漏失率控制在国家标准以内，显著降低管网事故率，避免重大事故发生。用 10 年左右时间，建成较为完善的城市地下管线体系，使地下管线建设管理水平能够适应经济社会发展需要，应急防灾能力大幅提升。

国外正在不断完善和提高综合管廊建设技术和设计理念，全球范围内的建设规模也越来越大。铺设综合管廊是综合利用地下空间的一种手段，某些发达国家已实现了将市政设施的地下供、排水管网发展到地下大型供水系统、地下大型能源供应系统、地下大型排水及污水处理系统，与地下轨道交通和地下街相结合，构成完整的地下空间综合利用系统。

早在 19 世纪，法国（1833 年）、英国（1861 年）、德国（1890 年）等就开始兴建城市综合管廊。到 20 世纪美国、西班牙、俄罗斯、日本、匈牙利等国也开始兴建城市综合管廊。

城市综合管廊最早出现于法国，1833 年为了改善城市的环境，巴黎就系统地在城市道路下建设了规模宏大的下水道网络，同时开始兴建城市综合管廊，最大断面达到宽约 6.0m，高约 5.0m，容纳给水管道、通信管道、压缩空气管道及交通通信电缆等公用设施，形成世界上最早的城市综合管廊。

巴黎作为一个有 1200 万人口的大都市，拥有一个大约 1300 名维护人员的高效运转的地下管网系统。这个始建于 19 世纪的以排放雨水和污水为主的重力流管线系统，管网纵横 2450km（足以往返北京至武汉），包括 1.8 万个排污口，2.6 万个下水道盖，6000 多个地下蓄水池，同时通过在管网内部铺设供水管、煤气管、通信电缆、光缆等管线，进一步提高了管网的利用效能。在管网的末端，通过现代化的污水处理厂，系统每天处理超过 300 万 m^2 的高腐蚀性废弃物，最终实现对生态环境和城市面貌的良好保护，确保巴黎市的正常运作发展。

1. 巴黎地下管网系统的发展历程

（1）城市扩张引发的生态问题是建设巴黎地下管网的起因

1785 年，已达 60 万的巴黎人口，全挤在市中心的贫民区中，人均寿命只有 40 岁。当时，巴黎市区内的公墓已经完全饱和，市内建筑道路杂乱无章，污水未经处理直接排放到塞纳河，遇到大雨满街就会污水横流。如此严重的生态危机为启动长期争论的巴黎重建工作提供了动力。

（2）科学规划是地下管网系统成功的关键

1850 年，巴黎人口达到 100 万，城市因地狭人稠而不堪重负。到 1878 年止，修建了 600km 的下水道（图 1-1）。之后，新建下水道不断延伸，至今已达 2450km。

图 1-1　地下管道实景图

（3）巴黎地下的石灰岩结构为地下管网建设提供了便利条件

巴黎地下拥有非常良好的石灰石岩层。12～15 世纪，巴黎城市建设的建筑用石都是来自于当时郊区的地下采石场。

（4）不断改进的系统确保满足城市需求

现在，先进的信息管理系统确保了管网系统的高效运转。下雨时，安装在主要下水管道中的传感器会持续检测水位。如果水位过高，过剩的水流就会通过水泵分流到水位较低的管道中去。如果所有管道的水位都过高，过剩的水流就会汇集到分布在城区的大型地下蓄水池。水退以后，积蓄的水会再排放到下水管道中。一旦整个系统过载，安全系统将立即发挥作用——45 条直达塞纳河的排水管道在水流的作用下会自动开启安全门，让过剩的水流直接排往塞纳河。19 世纪以前，巴黎市经常出现污水在街道上泛滥的情况。巴黎平均每年只有 4 次被迫向塞纳河直排污水。

2. 巴黎地下管网系统的主要特点

（1）巴黎地下管网系统是地下综合管廊概念的发源地

在以排水为主的廊道中，巴黎市创造性地在其中布置了一些供水管、煤气管和通信电缆、光缆等管线，进一步提高了管网的利用效能，并形成了早期的城市综合管廊。

综合管廊（图 1-2）亦称"地下城市管道综合走廊"。它是把设置在地上架空或地下敷设的各类公用管线集中容纳于一体，并预留检修空间的地下隧道，便于科学合理地做好地下管线的规划和铺设，集中共同管理。综合管廊内排水、消防、电气系统、监控设备、通风、照明等附属设施一应俱全，主要适用于交通流量大、地下管线多的重要路段，尤其是高速公路、主干道。

图 1-2　巴黎综合管廊

目前，国外大城市已普遍采用地下综合管廊、地下污水处理场、地下电厂、地下河川以及其他地下工程，其总趋势是将有碍城市景观与城市环境的各种城市基础设施全部地下化。地下综合管廊是市政管线集约化建设的趋势，也是城市基础设施现代化建设的方向。传统的市政管线直埋方式，不但造成城市道路的反复开挖，而且对城市地下空间资源本身也是一种浪费。沿城市道路下构筑综合管廊，将各种管线集约化，采取综合管廊的方式敷设，不仅有利于增减各种管线，还有利于检修维护管理各管线，是一种较为科学合理的模式。并且，综合管廊已成为衡量城市基础设施现代化水平的标志之一。

（2）使用先进的机器人技术提高管道检修和建设的效率

地下管道的每个区域每年都要检查 2 次并记录在案。巴黎地下管道管理局使用先进的光缆铺设机器人和管道检测机器人提高管道建设和检修的效率。

（3）利用现代化的污水处理技术保护生态环境

污水收集后存放在封闭的池中，将加入细菌产生的气体收集可作燃料；离心处理后的污泥干燥后经过处理，最终得到应用于工业的成品化肥或建材添加剂。

虽然日本很早就开始建造综合管廊（如关东大地震后，为复兴东京而兴建的八重州综合管廊），但真正大规模的兴建综合管廊，还是在 1963 年日本制订《共同管沟实施法》以后。自此，综合管廊就作为道路合法的附属物，在由公路管理者负担部分费用的基础上开始大量建造。

管廊内的设施仅限于通信、电力、煤气、上水管、工业用水、下水道 6 种。随着社会不断发展，管廊内容纳的管线种类已经突破 6 种，增加了供热管、废物输送管等设施。筑波科学城建立的一整套垃圾管道运送和焚烧处理系统，输送管道就布置在地下公用设施的综合管廊中。日本国土狭小，综合管廊的建造首先在人口密度大、交通状况严峻的特大城市展开。现在已经扩展到仙台、冈山、广岛、福冈等地方中心城市。截至 1982 年，日本拥有综合管廊共计 156.6km，至 1992 年日本已经建造综合管廊 310km。目前仍以每年 15km 的速度增长。建造综合管廊的费用，一部分由预约使用者负担；另一部分由道路管理者负担。其中，预约使用者负担的投资额大约占全部工程费用的 60%~70%。

1926 年，日本相继建造了九段阪综合管廊、淀町综合管廊、八重州综合管廊。九段阪综合管廊长 270m，宽约 3m，高约 2m，沟内敷设了电力电缆、电信、给水、污水等管线，全盘引进欧洲的建设经验与技术标准，全部采用钢筋混凝土箱形结构形式。淀町综合管廊修建在人行道下，宽约 1m，高 0.6m；电信电缆沟宽约 0.4m，高约 0.3m，覆土较浅（0.5~1.5m），修建目的是为了消除地面架空线。八重州综合管廊是为了探索煤气牵道的敷设新模式而单独修建，宽约 1.3m，高约 1m。1959 年又分别在新宿和尼崎建造了综合管廊。

"共同沟"一词源自日本。因为日本对其他国家和地区综合管廊的建设产生的影响较大。在综合管廊建设方面，日本有着雄厚的资金支持，完善的法律法规，先进的城市发展建设理念，所以它的发展速度最快，建成的综合管廊里程最长。

1963 年 4 月颁布《综合管廊实施法》首先在尼崎地区建设综合管廊 889m，同时在全国各大城市拟定五年期的综合管廊连续建设计划。

1963 年，日本颁布《关于共同沟建设的特别措施法》（简称《共同管沟实施法》）。1963 年 10 月 4 日同时颁布《共同沟实施令》和《共同沟法实施细则》，并在 1991 年成立专门的综合管廊管理部门，负责推动综合管廊的建设工作。日本现已成为综合管廊建设最先进的国家。

日本城市综合管廊建设总体发展目标是：21 世纪初，在县政府所在地和地方中心城市等 80 个城市干线道路下建设约 1100km 的综合管廊。在人口最为密集的城市东京，提出利用深层地下空间资源，建设规模更大的干线综合管廊网络体系设想，反映出日本乃至全世界城市综合管廊建设的趋势和今后的发展方向。

1.2　综合管廊建设的必要性

城市道路作为都市的交通网络，不仅担负着繁重的地面交通负荷，更为都市提供绿化及地震时的紧急避难场所。而社会民众所必需的各种管线，如自来水、燃气、电力、通信、有线电视、雨污水系统，通常埋设在道路的下方。据调查，自 1894 年上海埋设第 1 条煤气管道开始，经过 100 多年的建设积累，上海地下管线的总长度超过 2.5 万 km，同时 1/3 左右管线的管龄已逾 50 年。由于管龄过长，外界的影响极易造成管道开裂，形成漏水、漏气，甚至造成路面下沉、开裂而引发事故等严重后果，如图 1-4 所示。

道路红线宽度有限，在有限的道路红线宽度内，往往要同时敷设电力电缆、自来水管道、信息电缆、燃气管道、热力管道、雨水管道、污水管道等众多的市政公用管线，有时还要考虑地铁隧道、地下人防设施、地下商业设施的建设。道路下方浅层的地下空间由于施工方便、敷设经济，往往是大家争相抢夺的重点。道路下方的管线层层叠叠，如图 1-5 所示。

城市普遍存在的高压电力走廊不但占用了大量的土地资源，而且对城市环境的影响也非常巨大，如图 1-6 所示。随着城市居民物质生活水平的不断提高，人们对城市的景观及居住区环境提出了更高的要求。优美的城市环境，是城市现代化建设的基本要求。而综合管廊的建设消除了城市道路上电线杆林立、架空线蛛网密布的视觉污染，减少了架空管线与绿化的矛盾，并有效地消除了地下管线因维修、扩容而造成的道路重复开挖。

随着我国经济建设的高速发展和城市人口增加，城市规模不断扩大，许多城市出现建设用地紧张、道路交通拥挤、城市基础设施不足、环境污染加剧等问题。解决这些问题的方案有：一种方式是继续扩大城市外延，另一种方式是走内涵式发展的道路，把开发利用城市地下空间提到重要议事日程上来。外延式的发展方式，靠扩展城市用地面积和向高空延伸，一方面加大了城市人口密度，城市容量急剧膨胀，另一方面也加剧了城市用地的矛盾；内涵式发展方式无论从城市生产、生活设施建设的方面，还是从减轻城市环境、防灾压力的方面，都迫切要求向地下空间发展。城市地下空间如能得到充分、合理的开发利用，其面积可达到城市地面面积的 50%，相当于城市可用面积增加了一半。这能有效缓解城市发展与我国土地资源紧张的矛盾，对提高土地利用率、扩大城市生存发展空间具有重要的意义。

1981 年 5 月，地下空间已正式被联合国自然资源委员会列为重要自然资源。国外很多城市制订了城市地下空间规划并付诸实施。美国在 1974～1984 年的 10 年间，用于地下公共设施的投资为 7500 亿美元，占基本建设总投资的 30%。日本于 20 世纪 50～70 年代大规模利用地下空间，50m 以下深层地下空间的开发问题于 80 年代末期开始研究。但这方面的工作至今尚未引起我国各级政府和社会的足够重视。

综合管廊是 21 世纪新型城市市政基础设施建设现代化的重要标志之一，它避免了由于埋设或维修管线而导致路面重复开挖的麻烦，由于管线不接触土壤和地下水，因此避免了土壤对管线的腐蚀，延长了使用寿命，它还为规划发展需要预留了宝贵的地下空间。

综合管廊是目前世界发达城市普遍采用的城市市政基础工程，是一种集约度高、科学性强的城市综合管线工程，它较好地解决了城市发展过程中的道路重复开挖建设问题，也是解决地上空间过密化，实现城市基础设施功能集聚，创造和谐城市生态环境的有效途径。

1.3　综合管廊的优缺点

1.3.1　综合管廊的优点

（1）综合管廊建设可避免由于敷设和维修地下管线频繁挖掘道路而对交通和居民出行造成影响和干扰，保持路容完整和美观；

（2）降低了路面多次翻修的费用和工程管线的维修费，保持了路面的完整性和各类管线的耐久性；

（3）便于各种管线的敷设、增减、维修和日常管理；

（4）由于综合管廊内管线布置紧凑合理，有效利用了道路下的空间，节约了城市用地；

（5）由于减少了道路的杆柱及各种管线的检查井、室等，优化了城市的景观；

（6）由于架空管线一起入地，减少了架空线与绿化的矛盾。

1.3.2 综合管廊的缺点

（1）建设综合管廊一次投资昂贵，而且各单位如何分担费用的问题较复杂。当综合管廊内敷设的管线较少时，管廊建设费用所占比重较大。

（2）由于各类管线的主管单位不同，统一管理难度较大。

（3）必须正确预测远景发展规划，否则将造成容量不足或过大，致使浪费或在综合管廊附近再敷设地下管线，而这种准确的预测比较困难。

（4）在现有道路下建设时，现状管线与规划新建管线交叉造成施工上的困难，增加工程费用。

（5）各类管线组合在一起，容易发生干扰事故，如电力管线打火就有引起燃气爆炸的危险，所以必须制定严格的安全防护措施。

1.4 降低综合管廊工程造价的技术措施

总结当前设计中存在的问题，降低工程造价主要从以下 5 个方面入手。

1.4.1 合理选用技术标准，灵活运用技术指标

标准选择是一项科学性极强、涉及因素十分广泛的工作，是综合管廊建设的前提。目前，我国已建成综合管廊的技术标准选择基本上是合理的，但个别项目还存在着总体定位不准、功能不清晰、确定方法程式化、具体运用僵化死板、动态设计理念不足、对现有综合管廊资源利用不充分等问题。这些问题不仅影响了综合管廊功能的发挥，也直接增加了综合管廊工程造价。我国幅员辽阔，各区域的社会，经济、文化水平及自然条件有较大差异。因此，综合管廊建设标准选择及指标运用必须具有灵活性，方能适应不同的建设环境。要做到这一点，就必须深刻理解标准的内涵及各项指标值的适用条件，避免死套标准的教条做法，强调灵活设计，做到"用心设计、细心设计、精心设计"。

1.4.2 合理确定工程方案

合理确定工程方案，首先必须重视设计基础资料的调查、收集工作，如项目

所在区域的地质、水文、生态、环保、各种运输方式的要求，建设用地等。要以节约为指导，确定具体工程方案。强调安全、适用、经济的基本原则，确保工程安全和功能要求。对于特大型综合管廊工程，要避免强调高标准和不符合项目建设环境的形象工程和政绩工程。

1.4.3 优化细节设计

细节决定成败，在以往的设计中有时只重视主体工程，忽视细节，设计粗放，精细化程度不够。如对防护排水工程、安全设施标志、标线等细节不重视，导致问题积少成多，甚至带来大问题。细节问题不处理好，也会影响工程安全和综合管廊的运营质量。建立节约型社会的基本要求，就是要从细节入手。

1.4.4 加大设计深度

已建成运营的综合管廊项目所出现的基础沉降、结构裂缝等问题，以及在建项目所出现的设计变更，除自然因素及施工不当外，有些也与设计深度不足有关，而处理所出现问题所付出的代价往往比建造费用还要高。加大设计深度首先要有合理的设计周期，要选择具有丰富经验的设计队伍，还要加大前期工作的投入，各级管理、审查部门及人员，应按照规范规程的要求，结合项目的特点，严格把关，以确保设计工作的深度。

1.4.5 加强总体设计

综合管廊是铺设于大自然中的三维工程实体，面对着大自然中的各种复杂因素，综合管廊设计中的各类管线、主体结构物、附属结构等专业项目无一不与这些复杂因素有关，而且这些专业项目之间也有着较强的内在联系，因此强调做好总体设计十分重要。

要做好项目总体设计，首先必须充分分析项目的特点，研究项目的重点、难点，提出总体设计思想，制定项目总体设计原则，在具体设计中，这种看似宏观而又有较强针对性的措施是项目成功的关键所在。要做好项目总体设计，必须特别强调各专业之间的协调性，以总体设计的思想及原则，衡量管线及结构物与地质条件之间、管线与结构物之间、管线与附属结构工程及沿线设施之间、主体构造物与附属构造物之间衔接的合理性。

第2章 规 划

2.1 总体要求

为集约利用城市建设用地，提高城市工程管线建设安全与标准，统筹安排城市工程管线在综合管廊内的敷设，保证城市综合管廊工程建设做到安全适用、经济合理、技术先进、便于施工和维护，特制定本指南。

由于传统直埋管线占用道路下方地下空间较多，管线的敷设往往不能和道路的建设同步，造成道路频繁开挖，不但影响了道路的正常通行，同时也带来了噪声和扬尘等环境污染，并且，一些城市的直埋管线频繁出现安全事故。因而在我国一些经济发达的城市，借鉴国外先进的市政管线建设和维护方法，兴建综合管廊工程。

综合管廊在我国有"共同沟、共同管道"等多种称谓，在日本称为"共同沟"，在我国台湾地区称为"共同管道"，在欧美等国家多称为"Urban Municipal Tunnel"。是指按照统一规划、设计、施工和维护原则，建于城市地下用于敷设城市工程管线的市政公用设施。综合管廊工程建设在我国正处于起步阶段，一般情况下多为新建的工程。也有一些建于20世纪90年代的综合管廊，以及一些地下人防工程根据功能的改变，需要改建和扩建为综合管廊。工程建设应遵循"规划先行、适度超前、因地制宜、统筹兼顾"的原则，充分发挥综合管廊的综合效益。工程规划应符合城市总体规划要求，规划年限应与城市总体规划一致，并应预留远景发展空间，除符合本指南外，尚应符合国家现行有关标准的规定。

城市总体规划是对一定时期内城市性质、发展目标、发展规模、土地利用、空间布局以及各项建设的综合部署和实施措施，综合管廊工程规划应以城市总体规划为上位依据并符合城市总体规划的发展要求，也是城市总体规划对市政基础设施建设要求的进一步落实，其规划年限应与城市总体规划年限相一致。由于综合管廊生命周期原则上不少于100年，因此综合管廊工程规划应适当考虑城市总体规划法定期限以外（即远景规划部分）的城市发展需求。

综合管廊工程规划应与城市地下空间规划、工程管线专项规划及管线综合规划相衔接。城市新区的综合管廊工程规划中，若综合管廊工程规划建设在先，各工程管线规划和管线综合规划应与综合管廊工程规划相适应；老城区的综合管廊工程规划中，综合管廊应满足现有管线和规划管线的需求，并可依据综合管廊工程规划对各工程管线规划进行反馈优化。工程规划应坚持因地制宜、远近结合、统一规划、统筹建设的原则。有条件建设综合管廊的城市应编制综合管廊工程规划，且该规划要适应当地的实际发展情况，预留远期发展空间并落实近期可实施项目，体现规划的系统性。应集约利用地下空间，统筹规划综合管廊内部空间，协调综合管廊与其他地上、地下工程的关系。

综合管廊相比较于传统管道直埋方式的优点之一是节省地下空间，综合管廊工程规划中应按照综合管廊内管线设施优化布置的原则预留地下空间，同时与地下和地上设施相协调，避免发生冲突。应包含平面布局、断面、位置、近期建设计划等内容。

2.2 平面布局

综合管廊布局应与城市功能分区、建设用地布局和道路网规划相适应，应以城市总体规划的用地布置为依据，以城市道路为载体，既要满足现状需求，又能适应城市远期发展。应结合城市地下管线现状，在城市道路、轨道交通、给水、雨水、污水、再生水、天然气、热力、电力、通信等专项规划以及地下管线综合规划的基础上，确定综合管廊的布局。按照我国目前的规划编制情况，城市给水、雨水、污水、供电、通信、燃气、供热、再生水等专项规划基本由专业部门编制完成，综合管廊工程规划原则上以上述专项规划为依据确定综合管廊的布置及入廊管线种类，并且在综合管廊工程规划编制过程中对上述专项规划提出调整意见和建议；对于上述专项规划编制不完善的城市，综合管廊工程规划应考虑各专业管线现状情况和远期发展需求综合确定，并建议同步编制相关专项规划。

综合管廊应与地下交通、地下商业开发、地下人防设施及其他相关建设项目协调。地下交通、地下商业、地下人防设施等地下开发利用项目在空间上有交叉或者重叠时，应在规划、选线、设计、施工等阶段与上述项目在空间上统筹考虑，在设计施工阶段宜同步开展，并预先协调可能遇到的矛盾。综合管廊宜分为干线综合管廊、支线综合管廊及缆线管廊。

当遇到下列情况之一时，宜采用综合管廊：

（1）交通运输繁忙或地下管线较多的城市主干道以及配合轨道交通、地下道路、城市地下综合体等建设工程地段；

（2）城市核心区、中央商务区、地下空间高强度成片集中开发区、重要广场、主要道路的交叉口、道路与铁路或河流的交叉处、过江隧道等；

（3）道路宽度难以满足直埋敷设多种管线的路段；

（4）重要的公共空间；

（5）不宜开挖路面的路段。

城市综合管廊工程建设可以做到"统一规划、统一建设、统一管理"，减少道路重复开挖的频率，集约利用地下空间。但是由于综合管廊主体工程和配套工程建设的初期一次性投资较大，不可能在所有道路下均采用综合管廊方式进行管线敷设。结合现行国家标准《城市工程管线综合规划规范》GB 50289 相关规定，在传统直埋管线因为反复开挖路面对道路交通影响较大、地下空间存在多种利用形式、道路下方空间紧张、地上地下高强度开发、地下管线敷设标准要求较高的地段，以及对地下基础设施高负荷利用的区域，适宜建设综合管廊。应设置监控中心，监控中心宜与邻近公共建筑合建，建筑面积应满足使用要求。

综合管廊由于配套建有完善的监控预警系统等附属设施，需要通过监控中心对综合管廊及内部设施运行情况实时监控，保证设施运行安全和智能化管理。监控中心宜设置控制设备中心、大屏幕显示装置、会商决策室等。监控中心的选址应以满足其功能为首要原则，鼓励与城市气象、给水、排水、交通等监控管理中心或周边公共建筑合建，便于智慧型城市建设和城市基础设施统一管理。

2.3　断面

综合管廊断面形式应根据纳入管线的种类及规模、建设方式、预留空间等确定。综合管廊的断面形式应根据管线种类和数量、管线尺寸、管线的相互关系以及施工方式等综合确定。断面应满足管线安装、检修、维护作业所需要的空间要求。断面尺寸的确定，应根据综合管廊内各管道（线缆）的数量和布置要求确定，管道（线缆）的间距应满足各专业管道（线缆）的相关设计和施工技术要求。综合管廊内的管线布置应根据纳入管线的种类、规模及周边用地功能确定，其中天然气管道应在独立舱室内敷设。

热力管道采用蒸汽介质时应依据现行行业标准《城镇供热管网设计规范》CJJ 34 中第 8.2.4 条的要求："热水或蒸汽管道采用管沟敷设时，宜采用不通行管沟敷设……"，由于蒸汽管道事故时对管廊设施的影响大，故采用独立舱室敷设。

热力管道不应与电力电缆同舱敷设，应根据现行国家标准《电力工程电缆设计规范》GB 50217 中第 5.1.9 条规定"在隧道、沟、浅槽、竖井、夹层等封闭式电缆通道中，不得布置热力管道，严禁有易燃气体或易燃液体的管道穿越"。

110kV 及以上电力电缆，不应与通信电缆同侧布置。通信线缆采用电缆的，考虑到高压电力电缆可能对通信电缆的信号产生干扰，故 110kV 及以上电力电缆不应与通信电缆同侧布置。给水管道与热力管道同侧布置时，给水管道宜布置在热力管道下方。应依据现行行业标准《城镇供热管网设计规范》CJJ 34 中第 8.1.4 条的要求："在综合管廊内，热力网管道应高于自来水管道和重油管道，并且自来水管道应做绝热层和防水层"。

进入综合管廊的排水管道应采用分流制，雨水纳入综合管廊可利用结构本体或采用管道方式。污水纳入综合管廊应采用管道排水方式，污水管道宜设置在综合管廊的底部。由于污水中可能产生的有害气体具有一定的腐蚀性，同时考虑综合管廊的结构设计使用年限等因素，因此污水进入综合管廊，无论压力流还是重力流，均应采用管道方式，不应利用综合管廊结构本体。

2.4　位置

综合管廊位置应根据道路横断面、地下管线和地下空间利用情况等确定。在道路下面的位置，应结合道路横断面布置、地下管线及其他地下设施等综合确定。此外，在城市建成区尚应考虑与地下已有设施的位置关系。

干线综合管廊宜设置在机动车道、道路绿化带下；支线综合管廊宜设置在道路绿化带、人行道或非机动车道下；缆线管廊宜设置在人行道下。综合管廊的覆土深度应根据地下设施竖向规划、行车荷载、绿化种植及设计冻深等因素综合确定。

2.5 专项规划编制体系

2.5.1 编制任务

综合管廊专项规划的主要任务是根据城市发展目标和城市规划布局，结合地下空间、道路交通以及各项市政工程系统的现状和规划情况，科学分析管廊建设的必要性和可行性；明确管廊建设目标和规模；划定管廊建设区域；确定入廊管线；明确管廊的系统布局；提出建设时序和投资估算；对管廊断面选型、三维控制线、重要节点控制、配套设施以及附属设施等提出原则性要求；并制定综合管廊的建设策略和保障措施。

2.5.2 规划层次

综合管廊专项规划层次分为总体规划和详细规划两个层次。

考虑到综合管廊的系统性和整体性，综合管廊专项总体规划一般在市级或县区级行政区范围内进行干、支线综合管廊整体布局和系统构建，重点对管廊建设必要性和可行性、管廊建设总目标和规模、管廊建设区域、入廊管线分析、管廊系统布局、建设管理模式等内容进行系统研究，是指导规划区综合管廊建设和管理的纲领性文件。

综合管廊专项详细规划一般在镇（或街道）级行政区、城市重点地区或特殊要求地区编制，在较小的范围内对各类综合管廊（包括缆线管廊）路由、纳入管线、断面设计、配套设施、附属设施、三维控制线以及重要节点控制等内容进行详细研究，是规划范围内综合管廊设计的直接依据，如图2-1所示。

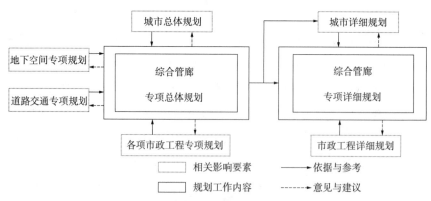

图2-1 综合管廊专项规划编制体系框图

2.5.3　与其他规划之间的关系

1. 各层次规划之间的关系

综合管廊专项总体规划、详细规划两个层面的相互关系是逐层深化、逐层完善的，是上层次指导下层次的关系，即综合管廊专项总体规划是详细规划的依据，起指导作用；而综合管廊专项详细规划是对总体规划的深化、落实和完善。同时下层次规划也可对上层次规划不合理的部分进行调整，从而使综合管廊规划更具合理性、科学性和可操作性。

2. 与法定规划之间的关系

综合管廊专项总体规划与城市总体规划相匹配，其规划期限应与城市总体规划保持一致，依据城市总体规划确定的发展目标和空间布局，评价城市综合管廊建设的可行性和合理性，提出城市综合管廊建设的策略和目标，合理布局综合管廊系统的重大设施和路由走向，制定综合管廊主要的技术标准和实施措施，并对城市市政工程系统提出调整意见和建议。

综合管廊专项详细规划与城市详细规划相匹配，从综合管廊系统角度对城市详细规划中各市政专业规划进行分析。同时依据综合管廊专项总体规划和城市详细规划确定的用地布局，具体布置规划范围所有的综合管廊路由、配套设施及附属设施，提出相应的工程建设技术要求和实施措施。

2.5.4　编制程序

1. 工作程序

综合管廊专项规划一般包括前期准备、现场调研、规划方案、规划成果等 4 个阶段。

前期准备阶段是项目正式开展前的策划活动过程，需明确委托要求，制定工作大纲。工作大纲内容包括技术路线、工作内容、成果构成、人员组织和进度安排等。

现场调研阶段工作主要指掌握现状自然环境、社会经济、城市规划、专业工程系统的情况，收集专业部门、行业主管部门、规划主管部门和其他相关政府部门的发展规划、近期建设计划及意见建议。工作形式包括现场踏勘、资料收集、部门走访和问卷调查等。

规划方案阶段主要分析研究现状情况和存在问题，并依据城市发展和行业发展目标，确定综合管廊工程的建设目标，完成综合管廊系统布局，安排建设时序。

期间应与专业部门、行业主管部门、规划主管部门和其他相关政府部门进行充分的沟通协调。

规划成果阶段主要指成果的审查和审批环节，根据专家评审会、规划部门审查会、审批机构审批会的意见对成果进行修改完善，完成最终成果并交付给委托方。具体流程见图 2-2。

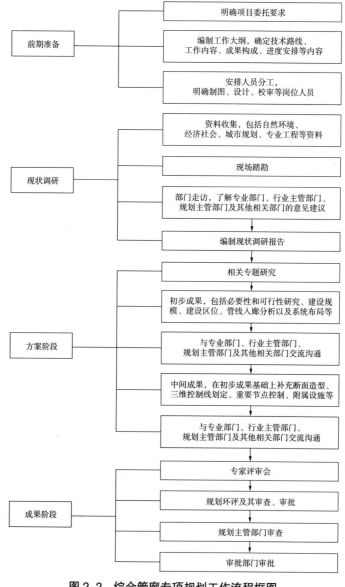

图 2-2 综合管廊专项规划工作流程框图

2. 编制主体

综合管廊专项规划应由城市规划管理部门单独组织编制或联合综合管廊主管部门共同组织编制。

3. 审批主体

综合管廊专项总体规划一般由市规划委员会或市政府审批，综合管廊专项详细规划建议由规划管理部门审批。

2.5.5 成果形式

规划成果包括规划文本和附件，规划文本是对规划的各项指标和内容提出规划控制要求或提炼规划说明书中重要结论的文件；附件可包括规划说明书、规划图纸、现状调研报告和专题报告；其中现状调研报告和专题报告可根据需要编制。综合管廊系统专项总体规划应同步编制规划环境影响评价报告。

2.6 专项总体规划编制指引

2.6.1 工作任务

以城市总体规划为依据，与道路交通及相关市政管线专业规划相衔接，确定城市综合管廊系统总体布局。合理确定入廊管线，形成以干线管廊、支线管廊、缆线管廊等不同层次主体，点、线、面相结合的完善的管廊综合体系，综合管廊路由规划方案至少要达到城市主、次干道路深度。同时提出管廊标准断面形式、道路下位置、竖向控制的原则和规划保障措施。

2.6.2 资料收集

综合管廊专项总体规划需要收集的资料包括自然环境资料、经济社会情况、城市规划资料和各市政工程专业资料等。自然环境资料包括气象、水文、地质和环境资料等；城市经济社会资料包括经济发展、人口、土地利用和城市布局资料等；城市规划资料包括城市总体规划、分区规划、详细规划和其他相关规划资料等；各市政工程专业资料主要包括给水、排水、电力、通信、燃气、再生水、综合管廊规划和其他相关资料等（表 2-1）

综合管廊专项总体规划主要资料收集汇总表　　　　　　　　表 2-1

资料类型	资料内容	收集部门
1. 现状管网资料	（1）现状市政管网普查资料； （2）旧管分布情况（注：旧管是指使用年限超过 20 年的市政管线）； （3）现状综合管廊分布情况； （4）各部门对管线入廊的意愿调查	各管线单位规划部门
2. 规划管网资料	（1）各市政专项规划资料； （2）市政主干管规划分布情况； （3）高压电力电缆下地规划情况； （4）防涝行泄通道（或大型排水暗渠）规划情况； （5）近期管网建设计划情况	各管线单位规划部门
3. 城市规划资料	（1）城市总体规划资料； （2）密度分区规划资料，包括高密度开发区分布情况等； （3）城市地下空间规划资料，包括地下空间重点开发区域分布情况等； （4）近期建设重点片区分布情况； （5）城市更新区域分布情况； （6）城市近期建设规划情况	规划部门 发改部门
4. 道路交通资料	（1）现状道路（可不含支路）分布情况； （2）规划新建、改扩建道路（可不含支路）分布情况； （3）城市地下道路、轨道规划以及现状情况； （4）近期道路与轨道交通建设计划情况	道路部门 规划部门 发改部门
5. 其他相关资料	（1）地形图，1∶1000 ～ 1∶10000； （2）地质条件分布情况； （3）经济社会发展情况； （4）电力隧道、轨道、灌渠、道路等大型市政设施立项情况； （5）地下管线现状管理体制及规划设想； （6）综合管廊现状管理体制及规划设想； （7）地下管线、综合管廊、地下空间等相关法律法规； （8）综合管廊相关技术规范	地质部门 统计部门 规划部门 建设部门 发改部门

2.6.3　文本编制内容

综合管廊专项总体规划文本内容包括：（1）总则；（2）依据；（3）规划可行性分析；（4）规划目标和规模；（5）建设区域；（6）系统布局；（7）管线入廊分析；（8）管廊断面选型；（9）三维控制线划定；（10）重要节点控制；（11）配套设施；（12）附属设施；（13）安全防灾；（14）建设时序；（15）投资匡算；（16）保障措施；（17）附表。

2.6.4　图纸绘制内容

综合管廊专项总体规划图集宜包括三部分：规划成果图、规划分析图和规划背景图。其中规划分析图中部分图纸需要采用 GIS 数据分析技术生成。

1. 规划成果图

（1）综合管廊建设区域指引图；（2）综合管廊建设现状图；（3）综合管廊系统规划图（远期）；（4）综合管廊系统布局规划图（远景）；（5）综合管廊分期建设规划图；（6）配套设施（综合管廊监控中心）布局规划图（远景）；（7）综合管廊施工方法选择示意图（远期）；（8）综合管廊近期建设规划图；（9）综合管廊标准断面选型图；（10）综合管廊在市政道路下位置示意图；（11）重要节点竖向及三维控制示意图；（12）结合排水防涝设施建设综合管廊示意图；（13）对市政专项规划调整建议图。

2. 规划分析图

（1）现状市政管线分布图；（2）老旧市政管线分布图（GIS 分析）；（3）市政管线规划需求分布图（GIS 分析）；（4）电力系统地理接线规划图；（5）电力隧道规划方案图；（6）给水、电力、通信、燃气及再生水主干管规划图（GIS 分析）；（7）近期新建道路规划图；（8）新建地区规划图；（9）轨道交通线网制式选择示意图；（10）轨道交通线网分期建设方案图。

3. 规划背景图

（1）土地利用现状图；（2）土地综合利用规划图；（3）城市布局结构规划图；（4）建设用地布局规划图；（5）城市更新规划图；（6）密度分区指引图；（7）地下空间利用规划图；（8）城市道路系统现状图；（9）综合交通规划图；（10）城市道路系统规划图；（11）城市公共交通规划图；（12）给水工程规划图；（13）污水工程规划图；（14）雨水工程规划图；（15）能源布局规划图；（16）电力工程规划图；（17）通信工程规划图；（18）燃气工程规划图；（19）再生水工程规划图；（20）雨水行泄通道规划图。

2.6.5　说明书编制要求

综合管廊专项总体规划说明书主要内容包括：

（1）项目概述：主要包括规划背景、城市概况、规划范围及期限、规划指导思想、规划原则、技术路线、规划目标和规模等；

（2）解读综合管廊：主要包括综合管廊定义、分类以及优缺点分析；

（3）综合管廊发展概况：介绍国内外综合管廊发展现状；

（4）相关规划解读：包括城市总体规划、道路交通专项规划、各市政专项规划、城市地下空间规划等；

（5）综合管廊必要性和可行性分析：根据城市经济、人口、用地、地下空间、管线、地质、气象、水文等情况，分析综合管廊建设的必要性和可行性；可建立技术经济评价体系对规划区进行总体评价；

（6）管线入廊分析：根据城市有关道路、给水、排水、电力、通信、广电、燃气、供热等工程规划和新（改、扩）建计划，以及轨道交通、人防建设规划等，确定入廊管线，分析项目同步实施的可行性，确定管线入廊的时序；

（7）综合管廊建设区域分析：根据城市建设、规划、发展情况和市政管线分布及需求情况，确定综合管廊建设的区域，并对建设区域进行分类，提出针对性的规划建设指引；

（8）综合管廊系统布局规划：根据城市功能分区、空间布局、土地使用、开发建设等，结合新改建道路、高压电力电缆下地、轨道建设、排水暗渠、地下空间开发等因素，确定综合管廊的系统布局和类型等；提出对各专项规划的调整建议，并确定结合排水防涝设施建设综合管廊的规划线路方案；

（9）综合管廊断面选型：根据入廊管线种类及规模、建设方式、预留空间等，重点确定近期规划管廊分舱、标准断面形式及控制尺寸等；

（10）三维控制线划定：提出综合管廊的规划平面位置和竖向规划控制要求，引导综合管廊工程下一步详细规划或设计；

（11）重要节点控制：提出综合管廊与地下道路、轨道交通、地下通道、人防工程及其他地下设施之间的间距控制要求；

（12）配套设施：提出控制中心、变电所、吊装口、通风口、人员出入口等配套设施布置原则、用地和建设标准，并与周边环境相协调；

（13）附属设施：明确消防、通风、供电、照明、监控和报警、排水、标识等相关附属设施的配置原则和要求；

（14）安全防灾：明确综合管廊抗震、防火、防洪等安全防灾的原则、标准和基本措施；

（15）建设时序：根据城市发展需要，合理安排综合管廊建设的年份、位置、长度等；重点对近期综合管廊项目进行研究；

（16）投资匡算：匡算规划期内的综合管廊建设资金规模；

（17）规划实施策略及政策保障措施：借鉴国内外相关经验，提出组织保障、政策保障、资金保障、技术保障、管理保障等措施和建议；

（18）附表。对规划区内综合管廊路由规划情况进行汇总，主要信息可包括：

路由名称、综合管廊类型、综合管廊长度、综合管廊编号、拟纳入管线、实施时机、近远期实施情况、建议施工方法等。

2.7　专项详细规划编制指引

2.7.1　工作任务

综合管廊专项详细规划一般在镇（或街道）级行政区、城市重点地区或特殊要求地区编制，对综合管廊专项总体规划确定的干、支线综合管廊路由方案进行优化和完善，增加对缆线管廊布局研究，综合管廊路由规划方案应达到城市支路深度，并对各类综合管廊位置、纳入管线、断面设计、配套设施、附属设施、三维控制线、重要节点控制、投资估算等内容进行详细研究。

2.7.2　资料收集

综合管廊专项详细规划需要收集的资料包括城市规划、道路、管网、轨道、河道、铁路等相关资料（表 2-2）。

综合管廊专项详细规划主要资料收集汇总表　　　表 2-2

资料类型	资料内容	收集部门
1. 管网资料	（1）现状市政管网普查资料，包括管网位置及埋深等情况； （2）旧管分布情况（注：旧管是指使用年限超过 20 年的市政管线）； （3）现状综合管廊分布情况； （4）各市政专项详细规划资料； （5）管线综合规划资料，包括管网位置及埋深等情况； （6）近期管网建设计划	各管线单位 规划部门
2. 道路资料	（1）现状道路（含城市支路）分布情况； （2）规划新建、改扩建道路（含城市支路）分布情况； （3）城市地下道路、轨道规划以及现状情况，包括平面及竖向位置情况； （4）近期道路与轨道交通建设计划情况； （5）规划及现状道路横断面资料，包括道路绿化带的宽度及位置等情况	道路部门 规划部门
3. 城市规划资料	（1）城市详细规划资料； （2）密度分区规划资料，包括高密度开发区分布情况等； （3）城市地下空间规划资料，包括地下空间开发类型、位置及实施时序等； （4）城市更新区域分布情况； （5）城市近期建设规划情况	规划部门 发改部门
4. 道路交通资料	（1）现状道路（含支路）分布情况； （2）规划新建、改扩建道路（含支路）分布情况； （3）城市地下道路、轨道规划以及现状情况； （4）近期道路与轨道交通建设计划情况	道路部门 规划部门 发改部门

资料类型	资料内容	收集部门
5. 其他相关资料	（1）地形图，1:1000～1:10000； （2）地质条件分布情况； （3）高压电力电缆下地、轨道、管渠、道路等大型市政设施立项情况； （4）与综合管廊有间距要求的设施现状及规划情况，包括轨道、排水暗渠、排水明渠、河道、铁路、高层建筑、地下停车场等； （5）综合管廊现状管理体制及规划设想； （6）地下管线、综合管廊、地下空间等相关法律法规； （7）综合管廊相关技术规范	各管线单位 规划部门 建设部门 发改部门

2.7.3　文本编制内容

综合管廊专项详细规划文本结构可与综合管廊专项总体规划一致，但内容深度有所区别，文本内容结构如下：

（1）总则；（2）依据；（3）规划可行性分析；（4）规划目标和规模；（5）系统布局；（6）管线入廊分析；（7）管廊断面选型；（8）三维控制线划定；（9）重要节点控制；（10）配套设施；（11）附属设施；（12）安全防灾；（13）建设时序；（14）投资估算；（15）保障措施；（16）附表。

2.7.4　图纸绘制内容

综合管廊专项详细规划的图纸相对于总体规划层面较为详细，主要详细表达综合管廊的线路、竖向关系、在道路下的位置、附属设施布局等内容，对每条管廊应绘制断面图，断面规划深度宜达到方案设计要求。

规划背景图以及规划分析图可纳入说明书以插图形式出现，规划成果图集中可不包括上述图纸。规划成果图主要包括：

（1）管廊建设区域范围图；（2）管廊建设现状图；（3）干、支线管廊系统布局规划图；（4）缆线管廊系统布局规划图；（5）管廊分期建设规划图；（6）管线入廊时序图；（7）管廊断面方案图；（8）三维控制线划定图；（9）重要节点竖向方案图；（10）配套设施用地选址图；（11）附属设施布局图；（12）结合排水防涝设施建设综合管廊方案图；（13）对市政专项规划调整建议图。

2.7.5　说明书编制要求

综合管廊专项详细规划说明书结构可与综合管廊专项总体规划一致，但内容深度有所区别，如增加缆线管廊系统布局，断面方案说明，配套设施选址，三维控制具体要求，投资估算等。说明书内容主要包括：

（1）项目概述：主要包括规划背景、城市概况、规划范围及期限、规划指导思想、规划原则、技术路线、规划目标和规模等；

（2）解读综合管廊：主要包括综合管廊定义、分类以及优缺点分析；

（3）综合管廊发展概况：介绍国内外综合管廊发展现状；

（4）相关规划解读：包括城市详细规划、道路交通详细规划、各市政专项详细规划、城市地下空间详细规划等；

（5）综合管廊必要性和可行性分析：有条件可对每条道路建设综合管廊进行技术经济评价；

（6）管线入廊分析：依据综合管廊专项总体规划，根据城市有关道路、给水、排水、电力、通信、广电、燃气、供热等工程规划和新（改、扩）建计划，以及轨道交通、人防建设规划等，确定入廊管线，分析项目同步实施的可行性，确定管线入廊的时序；

（7）综合管廊建设区域分析：依据综合管廊专项总体规划，根据城市建设、规划、发展情况和市政管线分布及需求情况，确定综合管廊建设的区域，并对建设区域进行分类，提出针对性的规划建设指引；

（8）综合管廊系统布局规划：根据城市功能分区、空间布局、土地使用、开发建设等，结合新改建道路、高压电力电缆下地、轨道建设、排水暗渠、地下空间开发等因素，确定管廊（包括缆线管廊）的系统布局和类型等；提出对各专项规划的调整建议，并确定结合排水防涝设施建设综合管廊的规划线路方案；

（9）综合管廊断面选型：根据入廊管线种类及规模、建设方式、预留空间等，确定每条管廊的断面设计方案和断面尺寸；

（10）三维控制线划定：提出综合管廊的规划平面和竖向位置，引导综合管廊工程下一步工程设计；

（11）重要节点控制：提出综合管廊与地下道路、轨道交通、地下通道、人防工程及其他地下设施之间的间距控制方案；

（12）配套设施：提出控制中心、变电所、吊装口、通风口、人员出入口等配套设施布局方案、用地和建设标准，并与周边环境相协调；

（13）附属设施：明确消防、通风、供电、照明、监控和报警、排水、标识等相关附属设施的配置方案；

（14）安全防灾：明确综合管廊抗震、防火、防洪等安全防灾的原则、标准和基本措施；

（15）建设时序：根据城市发展需要，合理安排综合管廊建设的年份、位置、长度等；

（16）投资估算：估算规划期内的管廊建设资金规模；

（17）规划实施策略及政策保障措施：依据综合管廊专项总体规划，提出组织保障、政策保障、资金保障、技术保障、管理保障等措施和建议；

（18）附表。对规划区内综合管廊路由规划情况进行汇总，主要信息可包括：路由名称、综合管廊类型、综合管廊长度、综合管廊编号、拟纳入管线、断面形式、断面尺寸、实施时机、近远期实施情况、建议施工方法、投资估算等。

第3章 勘 察

3.1 总体要求

综合管廊工程设计阶段的工程地质勘察应包括两个层次的任务。第一个层次的任务是充分了解区域工程地质条件，进行工程地质分区，研究区域内各种工程地质问题及其对拟建综合管廊工程的影响程度，合理选定管线方案；第二个层次的任务是查明工程建筑的场地地基条件，以便科学、经济、可靠地进行工程设计，确保工程建设、运营的安全。

工程地质勘察成果要经得起工程实践的检验，必须做到勘察研究方法有效，勘察研究成果结论可靠，这在很大程度上取决于勘察方案。

3.1.1 了解地质环境背景，建立基本的工作参照基准

地质现象的存在，都有其特定的规律和条件。为了不遗漏和误判，了解场区和周围环境条件，建立勘察工作和分析问题的基准，是地质勘察最基础的工作。

3.1.2 推断与验证

每一项勘察工作都必须有明确的目的。一个钻孔，一条物探线，都是为了特定的目的。也就是说在初步作出基本判断的基础上，再对某个推断进行验证。地面调绘是勘察工作的基础，也是工作的主线。忽视面上的调查，试图单纯地从勘探资料中得到符合实际的整体性地质勘察成果是不可取的。

勘察过程，就是推断和验证的过程。没有假设和推断，就会对现场的现象熟视无睹，勘察工作就陷入漫无目的的境地。假设和推断得不到充分验证，工作则会陷于片面和谬误。具体的勘察工作是观察和验证，则综合分析就是归纳和推断，彼此不可分离。对客观地质条件的认识需要随着工作的深入不断修正，也就是在"推断—验证—修正推断—确认"的过程。

勘察方案既要有效又要有利。所谓有效，就是既能够收集有利于推断的资料，又要注意收集相反假定的证据。只收集有利于推断的资料，则不能构成证明，反

而可能导致半途而废。所谓有利就是采用的勘察方法科学合理。只有了解各种勘察方法的实用性、适用性和与其他勘察方法的相关性，综合分析采用各种勘察方法所取得的成果资料，才能形成完整的空间轮廓。

3.1.3　反分析的应用

反分析是以工程原型为对象，工程原型观测为基础，反求岩土参数的一种方法。反分析和室内实验、原位测试一起构成求取岩土参数的三种主要方法。通过反分析，可以查验工程设计的合理性，还可以检查工程事故的技术原因。必须强调指出，反分析除了以实际观测资料为基础外，还有一定的假设条件。因此反分析只是一种技术论证方法，一般不作为责任事故的查证手段。表 3-1 是反分析在岩土工程中的应用。

土工程中常见的反分析应用　　　　　　　　表 3-1

类型	实测参数	反演参数
路　基	地基路面变形	地基土的变形模量、承载比
地　基	沉降观测、基坑回弹观测	岩土变形参数
场　地	地基失稳滑移的几何参数	岩土强度参数
挡土结构	位移、倾斜、土压力、结构应力	岩土抗剪强度
滑　坡	滑坡体几何参数、滑动前后观测数据	滑动面抗剪强度
砂土液化	地震前后土的密度、强度、水位、上覆压力、高程变化等	液化临界指标
湿陷性土、膨胀性土	土的含水量和变形测试，建筑物变形动态监测	膨胀压力、湿陷性指标、活动带范围

反分析必须建立在具备详细勘察资料的基础上，包括坡体两边的岩土结构、地下水条件及其动态变化情况、岩土体初始应力状态和应力历史等资料，都是反分析的基础。观测数据是反分析的依据，必须系统、全面、可靠，并且符合精度要求。合理地确定边界条件、选择计算模型是反分析的重点。反分析的应用争论最主要的焦点就是其边界条件和计算模型是否能够分析对象的实际情况。脱离实际的分析计算，会造成无法想象的后果。

一般来说，只有当原型观测的数据直接反映了岩土体某一点的应力应变状态时，其结果才能与室内试验和原位测试的结果进行比较。而那些整体变形的观测数据，只有经过分析以后才能与其他方法测试的结果进行比较。

综合管廊工程勘察等级应按照现行国家标准《岩土工程勘察规范》GB 50021有关规定，根据综合管廊工程重要性等级、场地的复杂程度及地基的复杂程度综合确定。勘察除划分等级外，尚应根据设计阶段划分为可行性研究、初步勘察、详细勘察等阶段，必要时进行施工阶段勘察。综合管廊工程勘察应根据工程勘察等级、阶段，收集工程建设相关批文、设计的有关技术参数。

勘察施工前不同的勘察工作阶段要求取得相关的技术资料：

（1）综合管廊总平面布置图、横断面图及纵断面图；

（2）综合管廊埋置深度、荷载、基础类型及地基允许变形等资料；

（3）综合管廊材料类别及可能采取的施工方法；

（4）综合管廊周边环境状况，包含但不限于既有建（构）筑物基础类型、埋置深度及其与拟建综合管廊外边线的净距离，既有管线的类型、几何尺寸、埋置深度。

勘察工作除技术上应遵照现行国家、行业和地方相关技术标准的规定外，尚应遵循国家、行业和地方岩土勘察质量安全管理规定，包括但不限于现行国家标准《工程建设勘察企业质量管理规范》GB/T 50379 及《岩土工程勘察安全规范》GB 50585。由于当下勘察市场属于完全开放市场，市场行为有欠公允规范，勘察队伍水平参差不齐，勘察安全质量问题甚至事故时有发生，勘察外业第一手资料客观性、真实性、可靠性受到业界不同程度的质疑和非议，直接影响勘察资料的科学性和准确性，导致工程技术人员误判甚至错判，直接影响到工程设计和工程施工，间接影响到工程工期和工程造价，并因为勘察市场无序低价竞争，外业工作开展时，操作人员配备不齐，或者无证上岗作业，或者劳动保护用品穿戴不全或不规范，导致存在安全隐患或发生人身财产安全事故。基于上述，除应严格按照现行国家、行业及地方技术标准编制勘察方案以满足设计和施工之需外，尚应加强勘察工作外业质量安全管理，做好过程控制，排查安全质量隐患，预防安全质量事故发生。

布置勘探孔时应考虑对工程自然环境的影响，防止对地下管线、地下工程和自然环境的破坏，现场文明施工应满足有关主管部门的规定。综合管廊勘察可按设计要求进行专门勘察，也可结合道路工程勘察同步实施。

3.2 勘察的内容与方案

3.2.1 勘察方法的选择与组合

表3-2中的滑坡勘察方法的分类，是按照解决问题的目的进行划分的，通常可分为调查测绘类、勘探类、检测测试类等。这里之所以这样划分，是为了适应实际工作中思维逻辑的需要。如管线工程地质勘察可以选择哪些工作方法；要查明特殊不良地质问题有哪些方法可供选择。必须认识到，每一种勘察方法都有局限性，只能反映勘察对象的局部或者某一方面的特征。采用几种勘察方法组合，进行综合勘察，应该从对照性、替代性、展开性、相辅性和立体性五个方面选择。

滑坡勘察方法分类　　　　　　　　　　　　　　　　　表3-2

目的	方法	工作内容	注意事项
管线地质勘察	资料研读	地质图、遥感图像判释，调查报告、水文和气象资料、历史记录等文献资料研读	（1）区域地形地貌特点； （2）区域地质背景，断层、褶皱、地层整合与不整合界限及其产状，建立滑坡勘察的对照基准； （3）特殊不良地质的种类和分布； （4）成灾历史与水文气象事件的关系； （5）管线工程地质测绘的精度以1:5000～1:10000为宜，范围以可能布设线位的地带为度
	地质调绘	调查地质露头、地层岩性、地质构造及其产状、地下水露头	
	重点勘察	为明确工程的技术可行性对控制管线方案的特殊工程地质问题和复杂的重点工程场址进行必要的勘察	
场地工程地质勘察	测绘	场区地形和工程地质平面测绘，以及纵、横断面测绘	（1）比例一般不大于1:2000，地质复杂时1:500或更大； （2）范围包括影响场地稳定的地质灾害分布范围
	勘探	钻探用于探查和确认关键点位处的岩土性质，物探用于分析地下物质的特征； 物理勘探、电阻率勘探、地震波勘探用于补充和延拓地质信息	（1）采用岩心采取率高，扰动少的钻孔工艺； （2）至少有一孔达到探测对象深度的1.5倍； （3）注意物探方法的适用条件和实用效果； （4）探测有效深度应该为探测对象深度的1.2倍
	挖探	用于直接观察地质现象提高勘探资料的精度	同时采集试样和进行某些原位测试
特殊不良地质勘察	资料研读	搜集既有调查报告、地方志、文献，了解滑坡变形历史	当地工程建设经验和地方志中，往往当地特殊不良地质问题和灾害的记载不全面时
	测绘	特殊不良地质区段的地形和地质测绘，基准纵、横断面测绘	（1）大范围分布的泥石流等采用小比例以便反映总体轮廓，为了能够反映滑坡、崩塌等相关的地面表征，测绘比例一般不大于1:2000； （2）断面图横比例保持一致以免导致计算错误； （3）断面的长度达到病害区块外的正常地带

目的	方法	工作内容	注意事项
特殊不良地质勘察	勘探	钻探用于探查和确认关键点位处地层、地质体的内部结构，建立物探解释参照。 物理勘探、电阻率勘探、地震波勘探用于补充和延拓地址信息。	（1）采用对岩心扰动小的钻探工艺； （2）至少有一孔达到探测对象深度的1.5倍； （3）同时进行孔内原位测试； （4）注意物探方法的适用条件和实用效果； （5）探测有效深度应该为探测对象深度的1.2倍。
	动态监测	成灾频率、规模监测，地表变形监测，深部变形监测，地下水监测	（1）选择适当的监测项目、方法和监测周期； （2）成灾频率、规模和变形监测是为了稳定性分析和发展趋势预测； （3）地下水监测是为了水文地质条件 与灾害的相关分析，作为处治对策选择的判断依据
	挖探	用于直接观察地质现象，提高勘探资料的精度	同时采集试样和进行某些原位测试

1. 对照性

一切勘察工作都需要有对照基准。勘察取得的资料，相对于所在地质环境背景是否正常，不同的勘察方法所取得的资料是否具有可对照性，是勘察工作应该首先考虑的问题。地质背景调查的目的之一就是要建立勘察资料分析的参照基准。局部的地形轮廓、植被、岩性及其层位的异常与否，都需要与区域地质背景相比较。

此外，不同的勘察方法反映同一对象的某一方面特征，但两者所取得的资料应该具有可对照性。否则，勘察成果的有效性就会大打折扣。对弹性波勘探来说，通过钻孔和波速测井建立速度标志层；对电测探来说，利用钻孔和电阻率测井获取可用为电阻率指标的量测值。作为一种半直接的勘探方法，钻探可以建立深度方向上的参照基准。其他的间接勘探方法取得的资料都应该以钻探资料为参照基准。因此，对于代表性区段，最好至少有一个孔的深层钻探计划，作为综合分析的参照基准。

2. 替代性

由于各种勘察方法都有其局限性，不能期望在具体使用时绝对可靠有效。因此，为了保证勘察成果可靠有效，应该考虑备用的勘察方法，以替代补充既定勘察方法。

3. 相辅性

勘察方法大致可以分为地面调查、深部勘探两类。就深部勘探而言，又可以分为点上勘探和线状勘探。地面调查可以直观地掌握面上的情况，但对于深部的情况只能作出主观的推断。坑探、槽探、井探和洞探也是直观的勘探方法，坑、槽探的深度有限，井、洞探的深度大，但代价昂贵。钻探属于半直接的勘探方法，却只能得到点上的资料。作为间接勘探方法，物理勘探是基于地层岩土各不相同的物理性质差异，根据各自独特的理论模型进行量测和解析。这些物理性质不一定存在密切的相关关系，因此物探方法基于各自的理论模型取得的成果断面不同是理所当然的。如果参照钻探建立的基准进行充分的分析，成果断面的不同正好弥补了彼此的不足，成为获取所需信息的机会。表3-3和表3-4是几种常用物理勘探方法的对比和互补性。

主要物理勘探方法对比 表3-3

误判问题	电法勘探		弹性波勘探	
	容易错判情况	核检方法	容易错判情况	核检方法
无破碎带误判为有	山脊，沟谷地形	沿地形延伸方向延伸测线或与其他勘探方法对比验证	基岩厚度巨变处	进行三个方向的测线探查或与其他勘探方法对比验证
有破碎带误判为无	水平不连续构造边界	与其他勘探成果对比验证	平行于低坡速带时	进行三个方向的测线探查或与其他勘探方法对比验证

常用勘探方法的互补性 表3-4

破碎带	电法勘探	弹性波勘探	钻探
是否存在	敏感，电阻率异常	敏感波速异常	不敏感
透水性好	敏感，脉状高电阻率	一般，低速度带	一般，孔内有渗漏
透水性差	敏感，脉状低电阻率	一般，低速度带	一般，孔内无渗漏
是否含水	不敏感	不敏感	一般，土样含水量
流动性	不敏感	不敏感	一般，孔内水量变化

4. 展开性

对于简单的地质对象来说，小间距的点上勘探之间的连接不存在太大的问题。但在大范围地质结构复杂的情况下，依靠大量的点上钻探，不但投入的经费大，而且点与点之间的关系也不容易理清。将适当的线状物理勘探方法与点上的钻探方法组合起来，以点上钻探为参照基准，线状物理勘探的作用便是以断面的形式拓展点上信息的有效性。

从物理学角度划分层位与地层对比是完全不同的概念。前者是相应于各自理论模型的量测和解析，后者是其成果的地质学解释。有时在地质上不形成岩土类别差异的"层"，但从弹性波或电阻率的角度来看却是成层的。其实，这正是简单地从岩土类别上区分"层"的模糊之处。物理学性质的差异，可能反映同一类岩土在破碎程度、含水程度上的差异，这就丰富了有益的信息。

5. 立体性

将勘察成果按照由点到线，通过线、面组合为空间立体轮廓，无疑对于整治工程设计来说是非常需要的。特别是对于大型地质灾害，仅仅了解纵断面是不够的，还需要了解横断面形状。不但整治工程布置时需要，而且设计计算也需要。通过钻孔建立参照基准和物探剖面的展开，在布置勘探线网的基础上建立三维立体轮廓是不成问题的。立体结构的勘察成果，在平面图上以等值线图的形式表示。实际上，通过计算机模拟建立三维模型已经是非常简单的事情了。

3.3　地质条件与管廊方案

进行方案比选时，一般是把综合经济技术指标作为决定方案的依据，但也有在某些情况下由工程地质条件确定方案的。这是因为，对于某些特殊不良地质问题的处理，在技术上是不可行的，或者在目前的经济技术条件下是不可行的。拟定方案，首先要弄清楚哪些工程地质问题是可以进行工程处理的，哪些不良地质问题在技术上是不能解决的，这就是工程适宜性问题。只有在技术上可行的工程方案，才可以进行技术经济比较，这是一个原则。

方案不但要行得通，而且要行得好。所谓行得通，是指不存在技术上的困难；行得好是指技术经济指标最优。了解区域工程地质条件，就是要在既定的管廊选择最优的位置，而不仅仅是行得通的方案。也就是说，在区域工程地质图上选择最有利的位置，而不是先拟定一条路线，然后再补充地质资料。首先要进行工程地质分区，为拟定方案提供宏观工程地质依据。其次，要对控制点（各方案中管廊必须经过的地段）和大型构筑物场址的地质情况以及严重的大规模特殊不良工程地质问题进行重点勘察和评价，分析各方案的工程地质条件，作为综合考虑的依据。

在既定的地质条件下，工程类型的选择也对工程造价有很大影响。例如，在岩土结构差的地段，是采用开挖方案、管道方案，还是绕避方案，不但实施难度有差别，而且造价也相差很大。依据具体情况进行比较，不但线形指标和技术难度存在不同，工程造价也会有差别。

3.4　地质条件与工程设计

场地的概念是宏观的，它不仅代表着工程建筑物覆盖的范围，还应扩大到涉及某种地质现象或工程地质问题所包含的地段。在工程地质条件复杂的地区，还应该包括建筑物所在的某个微地貌、地形、地质单元。场地工程地质问题包括：场地稳定问题、地基承载能力和工程建设适宜性三个方面的问题。

3.4.1 场地稳定问题

场地稳定问题是指场地被破坏的可能性。产生场地破坏的作用主要来自于地壳新构造运动和物理地质作用。

地壳新构造运动表现形式有缓慢的变形（地壳缓慢地升降和移动、断裂的蠕动）和突然的能量释放（地震）。地壳的缓慢变形，对建筑物来说是微不足道的，但在新构造运动强烈的地区，物理地质现象一般十分活跃。地震是地应力突然释放的形式，能够产生地面震动，并可能引发山崩地裂、地面隆起和陷落、滑坡等场地宏观破坏。在物理地质作用下，场地内岩土体在适宜的条件下往往失去稳定而影响工程建筑物的安全和正常使用，如滑动、崩塌、地下采空区洞穴塌陷等。场地稳定性受地质构造、岩土条件、地形地貌、水文地质条件等多种因素的综合影响。

有一条跨越两个地层的箱型综合管廊，基础部位的内外侧地基岩石风化不均匀。结构刚完成时，由于附近地基施工爆破、振动导致地基不均匀变形造成结构开裂，不得不花费几千万元加固地基。

3.4.2 工程建设适宜性

不同的地区、类型的综合管廊工程对场地的要求是不同的。工程建设的适宜性，也就是场地的工程地质环境与工程建设活动的相互影响问题。一方面，自然环境中各种内外地质作用造成的自然地质灾害，威胁综合管廊工程的安全和正常使用；另一方面，不合理的工程布置和施工等工程建设活动又破坏了自然地质环境，引发地质灾害、威胁综合管廊工程建设的安全和正常使用。场地工程建设的适宜性包括两个方面的含义：

（1）不同类型综合管廊工程对场地条件的要求不同，同一场地，有的结构形式是适宜的，其他的结构形式就不适宜。

（2）有的不良地质问题可以通过一定的工程措施进行处理来保证综合管廊工程的安全和正常使用，但有的不良地质问题在目前的经济技术条件下是不能处理的，或者是不可靠的，难以保证综合管廊工程的安全和正常使用。

3.4.3　地基承载能力

地基承载力是指地基所能承受的荷载，一般分极限承载力和容许承载力。地基处于极限状态时所能承受荷载的能力即为极限承载力。从综合管廊的实际出发，不仅要使综合管廊处于安全状态，同时还要求地基不会发生过大的变形。设计采用的承载力就是能保证地基的稳定性，不致发生地基破坏，又能保证地基变形在综合管廊所能承受的容许变形范围之内，不致使综合管廊的结构发生破坏和影响正常使用，满足这个条件的承载力就是容许承载力。

容许承载力有两个不同的概念。一个是地基容许承载力，是描述地基承载能力的概念，基本上就是地基基础设计所用的承载力推荐值。另一个是表达基础承载能力的概念与地基条件，基础形式和埋置深度相关。

地基容许承载力除了满足地基强度及稳定性要求外，还必须满足建筑物的容许变形要求。可见地基容许承载力不是一个常量，而与建筑物的容许变形值相关。对不同的类型的综合管廊来讲，同一地基的容许承载力是不一样的。在确定地基容许承载力时，主要考虑两个因素：

（1）在多大荷载作用下，地基的变形处于能够达到逐渐稳定的状态，即变形是收敛的，而不是长期不能收敛的塑性变形；

（2）在荷载作用下，所产生的变形是否引起综合管廊的开裂或严重沉降。

第一个因素是从地基土在外荷载作用下所处的状态来看，为了确保安全，必须有一个容许的最大荷载；第二个因素是在这个荷载作用下地基要满足综合管廊的容许变形要求。

在评价地基承载能力和基础设计时；要正确理解它们的概念和使用条件。否则，推荐和使用岩土参数会存在偏差，造成工程量的增加或者工程隐患。例如，在某扩建工程项目中，根据工程地质勘察报告提供的岩土参数计算的桩基础深度，比旁边已建成的同类型综合管廊的基础深 10 多米。由此产生了疑问，如果现设计是合理的，则原设计就存在安全隐患；否则，现设计就造成了很大浪费。

3.5　不良地质处理

对于威胁综合管廊工程安全的特殊不良地质，应分析其现状，研究其形成机理，预测其发展趋势，针对其形成的主要原因采取根治措施。特殊不良地质的形成要有特定的地质环境条件。勘察特殊不良地质的主要作用因素，有针对性地采取治理措施是关键问题。

某地区综合管廊一处边坡发生滑坡，在没有查明滑坡基本情况的条件下，采取了放缓边坡和泄排水措施。一年之后，滑坡还在继续变形。现场调查发现，设置的排水盲沟根本就没有达到含水层深度，况且放缓边坡不但不能稳定滑坡，而且由于削减了滑坡前部重量，减小了阻滑力，更加恶化了滑坡稳定状况。最终导致治理该滑坡的直接费用达到 300 多万元。

特殊不良地质的整治是一个多学科协同的系统工程，从研究特殊不良地质危害机理的角度，要有结构工程的概念，提出合理的整治对策，从工程设计的角度，要明白滑坡作用的特点，有针对性地进行工程设计。特殊不良地质的整治工程本身也是特殊设计。

3.6 不同设计阶段地质勘察的目的和任务

工程地质勘察是为了取得工程设计所需要的地质资料，依各阶段设计内容，勘察工作的目的不同，内容也不仅仅是详细程度、工作量大小的差别。抓住各阶段勘察工作的重点，取得设计必需的地质资料，是最基本的要求，绝不可把重要的地质问题遗留到下一设计阶段解决。针对目前工作中普遍存在的问题，这里作一些强调。

3.6.1 工程可行性研究阶段

工程可行性研究的任务是按照既定的综合管廊走向，选择合适的管线走廊，并研究工程实施的技术可行性和经济合理性。为了不因为存在特殊不良地质问题而造成突破工程投资、改变线路、工期拖延等困难，必须进行区域地质调查和灾害评估。

特殊不良地质问题的存在，一般具有地带性规律。例如，黄土地区边缘地带的水土流失、崩塌、滑坡等问题；砂页岩、煤系地层分布地区的滑坡问题；石灰岩地区的岩溶、软弱地基问题；区域性断裂带内的斜坡稳定问题等。这个阶段，主要调查管线走廊范围内的区域地质格局，查找存在的特殊不良地质现象，了解特殊不良地质的分布和形成环境条件，初步判断其范围、规模和整治工程费用。为研究管线走向和方案比选提供依据。提出的工作成果包括：

（1）工程地质分区和评价；

（2）沿线工程地质图；

（3）特殊不良地质专项勘察报告。

这个阶段的勘察，一般通过踏勘调查即可完成。但是，对管线方案取舍起控制作用的特殊不良地质问题的整治方案应建立在基本性质确定、技术方案可行的基础上，在踏勘调查后仍然没有把握的情况下，必须安排必要的勘探工作。

3.6.2　初步设计阶段

初步设计阶段的工程地质勘察有两个目的，一是进行管线工程地质勘察，为管线方案设计提供地质依据；二是进行场地地质条件勘察，为工程方案设计提供基础地质依据。

1. 管线工程地质勘察

应该明确认识到，一方面，绕避特殊不良地质并不是绝对的，整治还是绕避不良地质问题要根据技术可行性和经济性进行比较分析；另一方面，在一定的地质条件下某种类型的工程是适宜的。其他类型的工程就不适宜。不但管线线形设计需要掌握地质资料，而且沿线工程布置总体设计也要考虑到地质条件。所谓的地质选线，是指根据地质条件选择管线方案，也就是在掌握地质资料的基础上选线。为了保证管线方案合理，有效的做法应该是让管线人员在工程地质图上选线，而不是先拟定管线方案，再沿着既定的管线补充地质资料。

2. 建筑场地勘察

初步设计是工程方案设计，工程地质勘察的任务一方面是选择合适的工程场址，另一方面是为选择工程结构类型提供地质依据。场地稳定性问题是本阶段的工作重点。如果遗漏场区内存在受灾害威胁或者失稳的问题，可能会导致工程重大变更。在特定的工程地质条件下，某些工程结构类型是适宜的，另一些类型可能是不适宜的。例如，跨越活动断裂带的综合管廊选择隧道结构最合适，箱形结构的综合管廊的地基沉降变形的要求要高一些，综合管廊的地基稳定性更是至关重要。

3. 特殊不良地质勘察

要作出绕避或整治特殊不良地质的决策，必须明确其可知性和可治性。也就是说，要查明问题的基本性质（范围规模、成因类型、危害程度）和研究其工程整治的技术可行性（技术可靠性、经济合理性），就应该调查场区所在山坡的地形地貌、地质构造、岩土结构和水文地质条件，明确危害在地质背景格局中的位置，并据此判断问题的发展规模和产生的后果，针对危害的生成条件和主要因素，确定防止危害发生和发展的技术途径。必须强调指出，在初步设计阶段要做到设计方案可靠，并应该完成查明特殊不良地质的主要勘察工作，施工图设计阶段则是补充查明整治工程实施的地质条件。

3.6.3 施工图设计阶段

施工图设计阶段是工程结构设计，工程地质勘察的目的是复查确认初步勘察成果，取得工程设计所需要的岩土参数。本阶段工程地质勘察的重点是查明具体工程部位的地质条件，提供工程设计所需要的岩土参数。值得强调的是，在对地质问题的评价和确定岩土参数时，必须充分考虑环境条件的变化和工程实施对地质条件的改变。

第4章 总体设计

4.1 总体要求

综合管廊的断面形式及尺寸应根据施工方法及容纳的管线种类、数量、分支等综合确定。一般而言矩形断面的空间利用效率高于其他断面，因而具备明挖施工条件时往往优先采用矩形断面。但是当施工条件受到制约必须采用非开挖技术如顶管法、盾构法施工综合管廊时，一般需要采用圆形断面。当采用明挖预制拼装法施工时，综合考虑断面利用、构件加工、现场拼装等因素，可采用矩形、圆形、马蹄形断面。

综合管廊内的管线为沿线地块服务，其建设的目的之一就是避免道路的开挖，在有些工程建设当中，虽然建设了综合管廊，但由于未能考虑到其他配套的设施同步建设，在道路路面施工完工后再建设，往往又会产生多次开挖路面或人行道的不良影响，因而需要根据规划要求在综合管廊建设中预留管线分支口，管线分支口要满足预留数量、管线进出、安装敷设作业的要求，相应的分支配套设施应同步设计。

由于不同地下建（构）筑物施工后沉降控制指标不一致，为了避免因地下建（构）筑物沉降差异导致天然气管线破损而泄漏，因此含天然气管道舱室的综合管廊不应与地下商业、地下停车场、地下道路、地铁车站以及地面建筑物的地下部分等建（构）筑物合建。如确需与其他地下建（构）筑物合建，必须充分考虑相互影响因素。

天然气管道舱室与周边建（构）筑物间距应符合现行国家标准《城镇燃气设计规范》GB 50028 的有关规定。

天然气管道舱室地面应按照现行国家标准《城镇燃气设计规范》GB 50028 的规定采用撞击时不产生火花的材料。

压力管道进出综合管廊，为了在运行出现意外情况时，能够快速可靠地通过阀门进行控制，便于管线维护人员操作，一般应在综合管廊外部设置阀门井，将控制阀门布置在管廊外部的阀门井内。

管道内输送的介质一般为液体或气体，为了便于管理，需要在管道的交叉处设置阀门进行控制。由于阀门占用空间较大，在综合管廊设计时，应预留管道排气阀、补偿器、阀门等附件安装、运行、维护作业所需要的空间。

综合管廊空间设计应考虑管道三通、弯头、阀门等部位的支撑布置，管线设计时应对这些支撑或预埋件进行设计并与综合管廊设计协调。

除上述要求外，综合管廊设计安全要求也是其建设目标中不可缺少的部分。作为地下空间结构，综合管廊诱发事故的因素是多方面的，如管廊结构布置合理性、结构可靠性、管廊内运营环境与监控水平、管廊外环境条件等因素的综合影响。因此，要求设计人员在设计中应充分考虑管廊内会发生什么样的危险，怎样把这些危险因素降低到最低程度，即在设计中应采取系统、有效的措施与手段来降低风险，减少事故发生的频率，减轻安全事故的严重性，将各种危害降低至可接受的程度，以达到综合管廊的安全目标。

（1）应从外部环境上消除各种危害发生的可能性。即从设计规划上提供安全空间，体现"宜人性"，消除诱发事故尤其是重大事故发生的客观条件（基础设施）。

（2）减少危害事件发生的可能性，设计完善的运营监控管理设施，加强管理，实行有效的控制，最大限度降低管廊事故发生率。

（3）减小危害事件产生的后果，制订应急预案，设置相应的逃生设施与救生系统，减少人员伤亡，使事故损失降到最小。

4.2　空间设计

4.2.1　平面布置要求

综合管廊布局应与城市工程区分，与建设用地布局和道路网规划相适应。其规划应结合城市地下管线现状，在城市道路、轨道交通、给水、雨水、污水、再生水、天然气、热力、电力、通信等专项规划以及地下管线综合规划的基础上，确定综合管廊的布局。

综合管廊应与地下交通、地下商业开发、地下人防设施及其他相关建设项目协调。综合管廊平面线形基本上要与所在道路平面线形一致，作为道路的附属物，综合管廊结合道路的线形制定平面线形和纵断线形的益处是明显的，但同时也有很多制约条件。

综合管廊原则上设置在道路的地下，并且平面线形与道路的中心线相吻合。

综合管廊的平面线形要与道路的现状、将来规划和其他设施规划进行充分的协调与衔接。为了有效利用城市的道路空间，综合管廊必须和这些城市设施计划进行充分的调整后再进行施工。城市设施中，大规模设施如地铁和高速道路的建设，除此之外还有城市街道规划工程、排水干管工程、单独隧道工程等。因此，与地铁或高速公路同时进行施工是最理想的，也经常会因其他的相关工程来决定线形。

与其他工程同时施工时，在同一挖掘面中能进行综合管廊施工是比较经济的。与地铁同时施工时，列入地铁构造范围内，在构造上最好是不发生不连续点。但是在构造上由于有关抑制下沉和温度膨胀性质的不同，设计时最好与地铁分开。

在设计平面线形方面的控制要点除了道路的平面线形以外还有：①居民建筑物的间隔距离；②与现状地下建构筑物的关系；③与城市规划、地铁规划等将来规划的建构筑物的关系。另外，纵断线形与平面线形有必要相互结合考虑，纵断线形设计上必须考虑的事项除平面线形方面外还有：①综合管廊的覆土；②纵断坡度。并且，综合管廊的平面线形、纵断线形的最小半径或角度受电缆管道的导入作业和收容物的最小弯曲半径所限制。

与城市规划的街道扩建工程同时施工时，一般在道路扩宽部分施工的例子比较多，这是由于在扩建部分没有地下埋设物体，而交通也没有被放开，设置埋设物少且有易于交通管理，容易施工，在白天也可以进行施工。

综合管廊与居民区之间的间隔距离：考虑到施工的难度与对现状入户市政管线的影响，应尽可能地远离居住区用地红线。在不得已靠近道路边时也要确保有1m 的距离。一般情况下，干线综合管廊设置在行车道的地下，支线综合管廊接近居民区设置的比较多。至居民区距离是根据道路开挖深度，并考虑开挖对居民的影响、挡土桩的施工宽度等，最少距离为 1m。

在道路的路面下除了地下隧道和地下埋设电缆、排水管道等以外，还有地铁的构造和立体交叉地基等。这些已埋设的构造物等成为综合管廊施工的障碍时，应该考虑障碍物的规模、构造等，与这些已埋设的构造物的管理者协商后，提出迁改或上下穿越绕行的方案。除此之外，横穿立体交叉道路和铁路、中小河道时，采用下穿的方法比较多，有关其位置、构造、施工方法必须与各自管理者进行充分的协商。另外，和人行天桥、过街通道、居民建筑物与地下油罐等相邻时，要考虑地质、地下水位、施工方法等确保所需要的距离。关于加油站的地下存储油罐，依据消防法规定，储存油罐到综合管廊之间必须保持水平距离 10m 以上的间隔，调整已存在的油罐位置等，使其不发生问题。

在已规划建设地铁的道路下建设综合管廊时，要充分审核道路的地下空间的现状和将来的合理利用规划，有必要为未来预留一定的施工空间。

综合管廊平面位置应考虑与所通过位置的在建或规划建筑物的桩、柱、基础设施的平面位置相协调。综合管廊位于道路弯道及纵断变坡段时，如果综合舱内有些管道为直管，综合舱不能做成曲线线形，这时可以将综合管廊划分为若干直折沟，每段的长度不要偏离道路过远或过近，以免影响其他直埋管道，综合管廊转折角、截面变宽时应满足各类管线转弯半径的要求。综合管廊设置在车行道下时，吊装口和通风口要引至车道外的绿化带内（图 4-1、图 4-2）。

图 4-1　综合管廊设置于中央绿化带下

图 4-2　综合管廊设置于机动车道和人行道下

4.2.2 与轨道间的控制要求

1. 综合管廊先于地铁施工的情况

综合管廊与地铁区间段平行或交叉时，为保证管廊和地铁的垂直间距，可适当减少管廊埋深，覆土厚度控制在不小于 2.5m。地铁区间段一般采用盾构方式施工，为避免施工时对管廊造成破坏，设计时应将地铁区间段顶板与管廊地板间距离控制在不小于 5m，如图 4-3 所示。

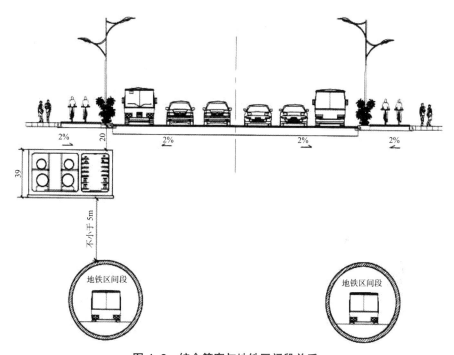

图 4-3 综合管廊与地铁区间段关系

在地铁站段，综合管廊应为地铁站体预留空间，减少对站体建设的干扰。具体的措施如下：

（1）应尽量将管线纳入管廊，避免后期站体施工时产生迁改；

（2）在相交段地铁站体一般采用明挖施工，综合管廊应尽量减少占用道路空间，必要时可将综合管廊设置为双层布置方式（图 4-4）；

（3）根据地铁站体规划情况，将综合管廊分为两个单舱结构，分别布置在站体两侧（图 4-5）。

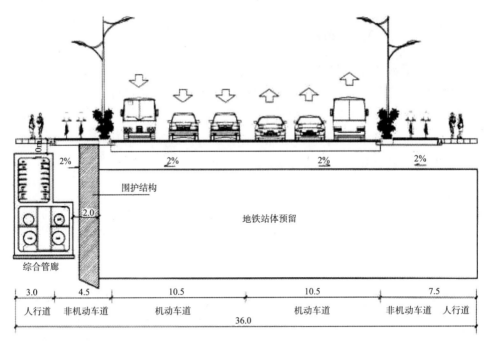

图 4-4　综合管廊与地铁站体关系 1（综合管廊先建设）

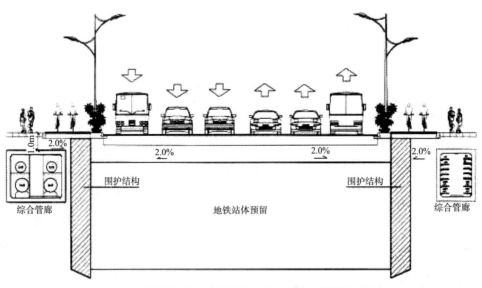

图 4-5　综合管廊与地铁站体关系 2（综合管廊先建设）

2. 综合管廊与地铁同时施工或后于地铁施工的情况

在地铁区间，应重新复核区间段的抗浮等技术要求。在地铁站体段，根据站体的设计方案明确综合管廊设计方案。

（1）站体设计如果可以在平面上预留综合管廊的管位，则两者之间基本不发生关系，仅需要考虑管廊和人行出入口的关系处理，以及施工过程中的相互保护问题；

（2）站体设计无法在平面上为管廊预留管位，但是能够在竖向预留空间，则管廊可与地铁站体结合设置，此时根据预留高度，可将综合管廊断面压低，宽度加大，与地体站体共板布置；

（3）站体上覆土小于 4m 时，综合管廊基本无法穿越地铁站体，建议市政管线采用直埋或排管方式敷设。

3. 综合管线与铁路线交叉的情况

当铁路隧道埋深较浅时，宜采取管线直埋的方式通过，或另选线路建设综合管廊。当铁路隧道埋深较深时，综合管廊可采用上倒虹方式建设，并以减小综合管廊断面高度的形式通过隧道上方，施工时应注意对隧道采取保护措施（图4-6）。

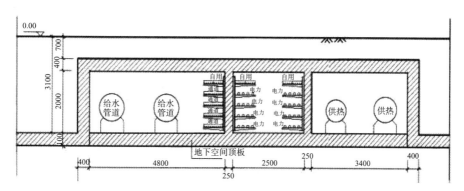

图 4-6 综合管廊与地铁站体关系（综合管廊后建设）

根据现行国家标准《城市工程管线综合规划规范》GB 50289，电力电缆（直埋或缆沟）距离铁路钢轨（或坡脚）的最小水平距离应为 3.0m，与铁路（轨底）的最小垂直距离应为 1.0m。由于暂无规范对综合管廊与铁路之间的间距进行要求，建议可暂参考上述规范要求的距离作为综合管廊与铁路之间的控制距离要求。

4.2.3 与地下构筑物间的控制要求

根据现行国家标准《城市综合管廊工程技术规范》GB 50838 相关规定，综合管廊与地下构筑物的最小净距应根据地质条件和相邻构筑物性质确定，且不得小于表4-1的规定。

相邻情况	施工方法	
	明挖施工	顶管、盾构施工
综合管廊与地下构筑物水平净距	1.0m	满足安全施工要求且不小于1m
综合管廊与地下管线水平净距	1.0m	满足安全施工要求且不小于1m
综合管廊与地下管线交叉垂直净距	0.5m	1.0m

综合管廊与相邻地下构筑物的最小净距　　　　　　　　　　表4-1

当综合管廊与两侧的地下空间出现交叉情况时，根据地下空间的规划方案，综合管廊采取不同的方式穿越地下空间。当地下空间覆土厚度达到3m以上时，采取与穿越地铁站体类似的方式，将管廊与地下空间共板设置；当地下空间覆土较浅，应考虑将综合管廊与地下空间结合设施；当地下空间布置为交通功能时，综合管廊可以拆分为两个单舱，分别布置在地下空间两侧，如图4-7、图4-8所示。

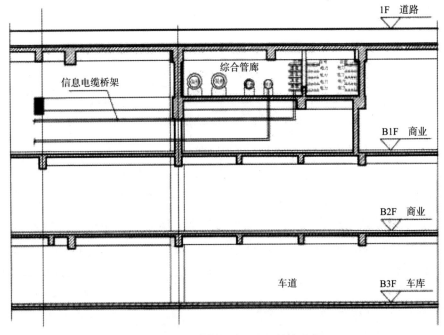

图4-7　综合管廊与地下空间结合布置

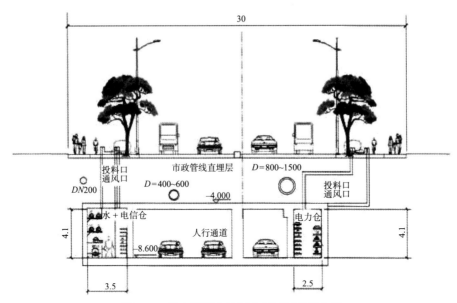

图 4-8　综合管廊在地下空间两侧分舱布置

4.3　纵断面设计

4.3.1　覆土厚度

（1）管廊的覆土厚度应根据设置位置、道路施工、行车荷载和管廊结构强度、投资等因素综合确定。充分考虑各种管廊节点的处理以及减少车辆荷载对管廊的影响，兼顾其他市政管线从廊顶横穿和道路绿化种植的要求，一般不应小于 2.5m。

（2）综合管廊穿越河道时应选择在稳定河段，最小覆土深度应满足河道整治和管廊运行安全的要求，并应符合下列规定：

1）在Ⅰ～Ⅴ级航道下面敷设时，顶部高程应在远期规划航道底高程 2.000m 以下；

2）Ⅵ、Ⅶ级航道下面敷设时，顶部高程应在远期规划航道底高程 1.000m 以下；

3）在其他河道下面敷设时，顶部高程应在河道底设计高程 1.000m 以下。

4）除满足上述规定外，尚应满足航运部门的相关要求。

4.3.2　纵向坡度

（1）管廊纵坡设计时宜与道路纵坡一致，在穿越路口处，为避让重力流管道，采取局部下穿或上抬的形式通过。

（2）管廊纵坡需考虑管廊内重力流排水需求，其最小纵坡不应小于 0.2%，在特殊情况下不宜小于 0.3%，最大纵坡应考虑各类管道敷设、运输方便，一般控制在 10% 以内，若纵坡大于 10%，应在底板设置防滑措施。

4.3.3 交叉避让

（1）管廊与非重力流管道交叉时，非重力流管道应避让管廊；管廊与重力流管道交叉时，应根据实际情况，经过经济技术比较后确定避让方案。管廊穿越河道时，应根据地质、水文情况合理确定，一般采取从河道下部穿越、上部管道桥跨越形式。

（2）综合管廊与相邻地下管线及地下构筑物的最小净距应根据地质条件和相邻构筑物性质确定，且不得小于表 4-2 的规定。

支线城市综合管廊与相邻地下构筑物的最小净距　　　　　表 4-2

相邻情况施工方法	明挖施工	非开挖施工
综合管廊与地下构筑物水平间距	1.0m	综合管廊外径
综合管廊与地下管线水平间距	1.0m	综合管廊外径
综合管廊与地下管线交叉垂直间距	0.5m	1.0m

（3）综合管廊与其他方式敷设的管线连接处，应采取密封和防止差异沉降的措施。

4.4　横断面设计

4.4.1　设计原则

1. 内部净高

综合管廊标准断面内部净高应根据容纳管线的种类、规格、数量、安装要求等综合确定，不宜小于 2.4m。

2. 内部净宽

综合管廊标准断面内部净宽应根据容纳的管线种类、数量、运输、安装、运行、维护等要求综合确定。净宽应该满足管道、配件及设备运输的要求，并符合下列规定：综合管廊两侧安装支架或管道时，检修通道净宽不宜小于 0.9m；配备检修车的综合管廊检修通道宽度不宜小于 2.2m。

3. 电力电缆支架间距

根据现行国家标准《电力工程电缆设计规范》GB 50217，开挖式电缆隧道内双侧敷设电缆支架时，通道宽度不得小于1.0m，考虑到节省造价，通道宽度定为1.0m。

电力舱内设计高压电缆呈品字形排列，设计电缆支架层间距20kV为300mm，220kV为550mm。若管廊内敷设的高压电缆很多，部分节点存在中间接头，应适当考虑安装维护的操作空间，220kV电缆支架层间距设置宜为700～850m。

4. 通信线缆支架间距

通信线缆的桥架间距应符合现行国家标准《综合布线系统工程设计规范》GB 50311 及现行行业标准《光缆进线室设计规定》YD/T 5151 的有关规定。通信管道采用支架的敷设方式，最下层支架与管廊底部净距0.6m，以满足通信管道中继器的安装及使用。

4.4.2 横断面

综合管廊的断面形式应根据纳入管线的种类、规格、数量、安装要求、施工方法、预留空间等确定；综合管廊内的管线布置宜根据纳入管线的种类、规模及周边用地功能等确定；在设计时宜将较少引出的舱室布置在中间，需沿途引出舱布置在两侧，分别设管线分支口、预埋套管引出，便于今后维护管理；在进行断面设计时，要充分考虑各类管线的特性，比如，天然气管道应单舱敷设，并且含天然气管道舱室的综合管廊不应与其他建（构）筑物合建；当管廊为三舱及以上断面时，天然气舱室与高压电力舱宜分开布置在综合舱两侧；除综合管廊自用电缆外，热力管道采用蒸汽介质时应在独立舱室内敷设，且热力管道不应与电力电缆同舱敷设；如遇军用通信管道，应单舱敷设。断面施工方式对比可参考表4-3。

断面施工方式对比 表 4-3

施工方式	特点	断面示意
明挖现浇施工	内部空间使用方面比较高效	
明挖预制装配施工	施工标准化、模块化比较易于实现	

续表

施工方式	特点	断面示意
非开挖施工	受力性能好，易于施工	

4.4.3 管线位置

在综合管廊设计过程中，各类管线间的位置可根据管线的属性进行设置，通常情况应遵循以下几个原则：110kV 及以上电力电缆不应与通信线缆同侧布置；给水管道与热力管道同侧布置时，给水管道宜布置在热力管道下方；污水通信线缆与 10kV 电力电缆同侧布置时遵循通信线缆在上、电力电缆在下的原则，并保持支架间间距要求。

4.4.4 横断面斜率

断面斜率尽可能与道路纵断面斜率保持一致，考虑收容管线的最小曲率半径及维持管理，考虑综合管廊内部折角和排水，一般纵断面斜率在 0.2% 以上。因地形等原因不得以超过 10% 的斜率时，考虑保安及工作人员的管理安全，应当设置阶梯和扶手。阶梯的标准尺寸是踏步高 20cm，宽 25cm，斜率 35% 以下，每隔 4m 高度考虑设置宽 1.2m 以上的休息平台。

1. 综合管廊标准断面设计

综合管廊标准的设置模式及空间尺寸的确定，直接关系综合管廊的安全、功能、造价，是综合管廊设计中的首要问题和重要技术关键。综合管廊断面的确定与施工方法、容纳的管线种类和地质条件等因素有关，其断面尺寸的确定与其中收纳的管线所需空间有关，横断面设计应满足各类管线的布置、敷设空间、维修空间、安全运行及扩容空间的需要。

2. 综合管廊特殊断面设计

在电力电缆接头处、给水阀门处、管沟交叉处等，有必要进行特殊的断面设计。特殊断面的空间应满足各类管线的分支口、通风口、人员出入口、投料口等孔口以及集水井的断面尺寸要求。在道路交叉口处，原则上每个交叉口均设置管线分支口。交叉口处综合管廊沿纵向变化较多，而且要布置人孔、投料孔和集水坑等。管廊沿线有各类管线需接向两侧建筑物，需设置分支口。

3. 综合管廊常用断面设计

（1）盾构法施工标准断面设计如图 4-9 和图 4-10 所示。

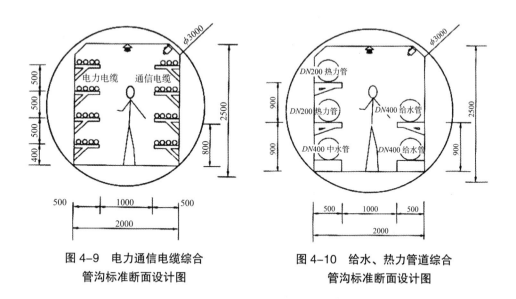

图 4-9　电力通信电缆综合
管沟标准断面设计图

图 4-10　给水、热力管道综合
管沟标准断面设计图

（2）明开挖法施工标准断面设计如图 4-11 所示。

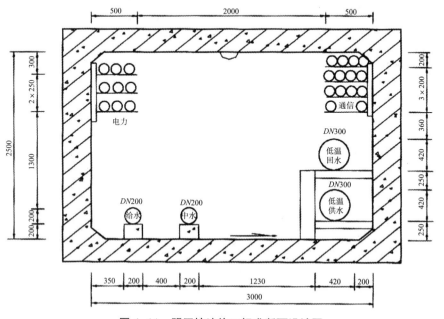

图 4-11　明开挖法施工标准断面设计图

（3）综合管廊标准断面设计实例，如图 4-12 ~图 4-18 所示。

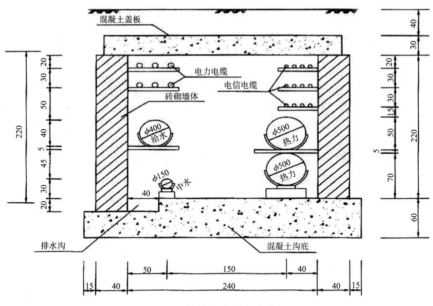

图 4-12　带排水沟的标准断面图

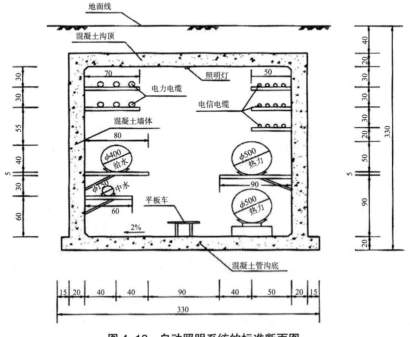

图 4-13　自动照明系统的标准断面图

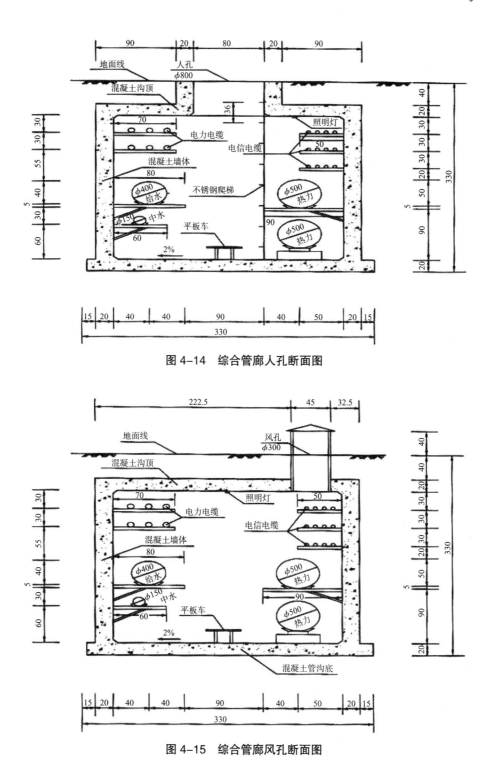

图 4-14 综合管廊人孔断面图

图 4-15 综合管廊风孔断面图

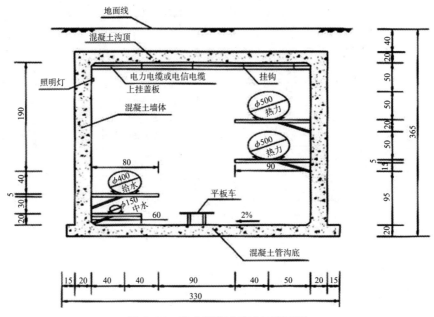

图 4-16 综合管廊十字交口断面图

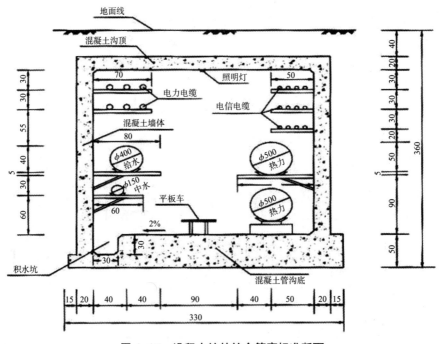

图 4-17 设积水坑的综合管廊标准断面

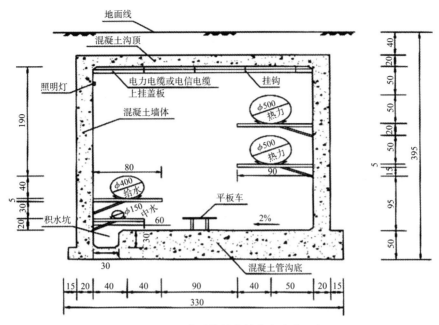

图 4-18　设积水坑的综合管廊十字交口断面

4.5　各类孔口布置设计

4.5.1　防火分区与通风口设计

1. 防火分区划分

防火分区对于控制火灾的蔓延具有十分重要的意义。由于没有相应的设计规范，综合管廊防火分区如何划分，尚无章可循。根据现行国家标准《建筑设计防火规范》GB 50016，地下、半地下建筑内每个防火分区的建筑面积不应大于 500m²。根据各地经验，由于综合管廊内平常无人，可按构筑物考虑，参照现行国家标准《建筑设计防火规范》GB 50016、《人民防空工程设计防火规范》GB 50098 及现行行业标准《民用建筑电气设计规范》JGJ 16、《城镇供热管网设计规范》CJJ 34 的有关要求，综合管廊每个防火分区面积通常不大于 200m²。防火分区面积两端需设置防火墙。根据现行国家标准《建筑设计防火规范》GB 50016，防火墙上开设门洞时，应采用甲级防火门窗，并应能自行关闭。综合管廊内在110kV 电缆接头两侧要考虑设置防火墙和防火卷帘。

2. 风口布置

通风口的平面布置与综合管廊防火分区的划分有着直接联系。每个防火分区设置一进一出两个风口，通风口分为进风口和排风口，进风口一般不设通风机，主要依靠自然通风换气；排风口设通风机既可进行自然通风，又可进行机械排风。通风口分为地上通风口和地下通风道两部分，地上通风口布置在综合沟外侧绿化带内或不妨碍景观处。地下通风道为混凝土风道，风道可根据覆土情况从综合管廊顶板或侧壁上开口。当覆土较小时，风道可以从侧壁开洞，以降低地上风口高度，满足地上景观要求。

4.5.2 管线分支口

综合管廊内市政管线需要与相交道置管线连通，同时还需要承担着向周边地块引出管线的作用，因此综合管廊需要设计管线出入口。应当根据接户管线的种类及需求量，决定各类管线预留孔的尺寸、大小、数量、间距及高程位置。工程中标准形式的管线引出口分为电力专用引出口、供水管引出口、信息管线引出口等，分别通过预埋缆线防水组件与周边道路或地块连接，同时局部段可考虑结合地下空间设置综合管廊支沟形式。在管线出入口处，综合管廊局部需进行加高拓宽处理，便于管线上升从侧面引出综合管廊。接出口考虑支管沿侧墙爬升的空间需求，并按其支管的埋深需求经侧墙或顶板的预留孔洞接出管廊外（预留孔洞采用防水措施，给水管预埋柔性防水套管，电力、电信管预埋缆线密封件），如图 4-19 所示。

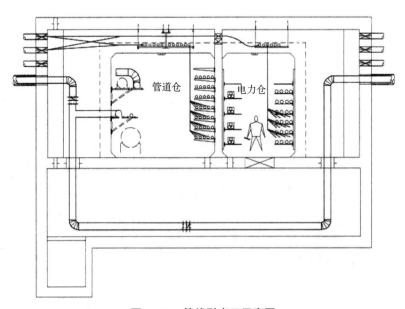

图 4-19　管线引出口示意图

4.5.3 吊装口设计

综合管廊吊装口主要为了满足入廊管线及管道配套零件的进出。吊装口的尺寸应当满足管道、设备、人员进出的最小允许要求，一般设置最大间距不宜超过400m。综合管廊每个分区设置一处进料口，若进料口兼顾人员出入、自然通风功能，进料口最大间距不超过200m，吊装口宽度不应小于0.6m且应大于管廊内最大管道的外径加0.1m，其长度应满足6m长的管子进入管廊。

考虑到电力电缆材料进出、敷设及维护方便性，一般国内电缆隧道大部分进料口间距控制在200m以内。吊装口通常在顶板上开孔，当管廊在车行道下时需引至绿化带内。考虑结构要求，相邻两孔室的投料口应错开，不能布置在同一变形缝中。每个防火分区至少设置一个吊装口，部分管线也可利用人孔投料。综合管廊的投料口、通风口等露出地面的建筑物应有防止地面水倒灌的措施，孔口标高应不低于100年一遇的防洪标高加0.5m安全余量。综合管廊的安全孔、通风口、吊装口等露出地面的建筑物应有防恐怖活动及防盗设施的措施，如防盗报警装置，同时应与闭路监视系统结合。吊装口、通风口、安全孔的外观宜与周围景观相协调，并尽量和周围建构筑物结合实施。见图4-20。

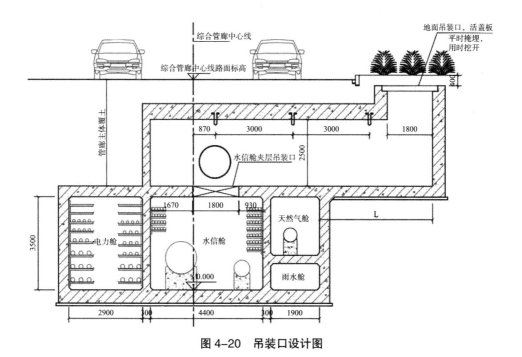

图 4-20 吊装口设计图

4.5.4 人员逃生口

干、支线综合管廊可结合吊装口、通风口设置人员出入口或逃生孔。设置人员出入口应当考虑防灾及管线维修检查的便捷性，考虑由外部送入新鲜空气，管理设施配电设备的空间，常将人员逃生口布置在中央分隔岛或人行道。人员逃生孔应考虑综合管廊断面的变化，穿管形式，覆土厚度，人员进出维修、逃生距离，电缆布设的距离及救灾的有效范围来设置阶梯或爬梯。人员出入口设置在人行道上时应考虑避开车库及其他车辆出入口。形式及尺寸必须考虑人员进出的动态流线，电缆的配置及作业所需要的空间应允许管道外空气进入，内空最小净高为 2.1m，宽度 1.5m。人员逃生孔盖板应在内部使用时易于开启、在外部使用时非专业人员难于开启的安全装置。为避免异物进入，加盖设置格栅网以防止危险性物质的进入。人员逃生孔内径净直径不应小于 1000mm，材质以能耐车辆反复载重及磨损为原则并应当加锁。

一般情况下人员逃生口不应少于 2 个。采用明挖施工的综合管廊人员逃生口，间距不宜大于 200m；采用非开挖施工的综合管廊人员逃生口，间距应根据综合管廊地形条件、埋设、通风、消防等条件综合确定。人员逃生口设置依据不同中舱室单独设置，敷设电力电缆或者天然气管道的舱室，逃生孔间距不应大于 200m；敷设热力管道的舱室，人员逃生口间距不应大于 400m。当热力管道采用蒸汽介质时，人员逃生口间距不应大于 100m；敷设其他管道舱室逃生口间距不应大于 400m，见图 4-21。

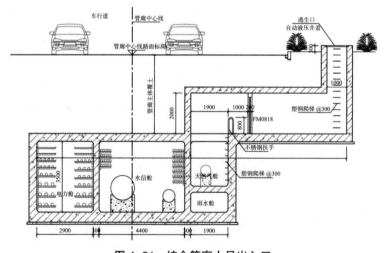

图 4-21 综合管廊人员出入口

4.6　结合轨道交通设计

穿越或位于城市轨道交通建设控制区、保护区的综合管廊建设项目，必须进行专项设计和评审，并经市规划国土和建设部门批准。《铁路安全管理条例》（2013）规定，铁路线路两侧应当设立铁路线路安全保护区。铁路线路安全保护区的范围，从铁路线路路堤坡脚、路堑坡顶或者铁路桥梁（含铁路、道路两用桥，下同）外侧起向外的距离分别为：

（1）城市市区高速铁路为 10m，其他铁路为 8m；

（2）城市郊区居民居住区高速铁路为 12m，其他铁路为 10m；

（3）村镇居民居住区高速铁路为 15m，其他铁路为 12m；

（4）其他地区高速铁路为 20m，其他铁路为 15m。

当距离不能满足铁路运输安全保护需要的，由铁路建设单位或者铁路运输企业提出方案，铁路监督管理机构或者县级以上地方人民政府根据相关规定或管理办法划定。

宜结合城市轨道交通设施建设时机，同步建设综合管廊。毗邻规划或在建城市轨道交通设施的综合管廊建设工程，可协调轨道交通以明挖方式建设的车站出入口通道等附属设施共建；宜协调城市轨道交通设施以明挖方式在车站附属设施建设过程中适当考虑光缆引入的相关土建及管位预留。

4.6.1　与轨道合建的可行性问题

综合管廊的初次建设投资较大、系统性要求高，选择合适的建设时机，尽量与轨道、道路新建、道路改造、新城建设、旧城整体改造、高压电缆下地、市政干管建设等大型城市基础设施进行整合建设，不仅可节省综合管廊建设费用，也可提高项目的可操作性，降低实施难度，缩短工期。

在日本和中国台湾地区，综合管廊的建设十分注重与地下轨道交通同时施工建设，这样做一方面可显著节省综合管廊建设费用，另一方面地铁和综合管廊同步施工也可缩短综合管廊的建设时间。日本和中国台湾地区的经验表明，综合管廊可以与地铁等地下轨道交通合建。但是，在地铁车站或一般构造物上建设综合管廊时，应选择分离式构造。从防灾、运行管理等角度出发，综合管廊和地铁尽量不采用一体构造。因为按照地铁确定的断面形式进行综合管廊规划时，不一定能满足两者间的覆土要求。不得已采用一体构造时，要对构造、设计条件、负担费用及管理区分等相关部门进行协商，事前作出决定。

武汉某地铁建设时在车站入口处采用了综合管廊技术。其 2、3 号出入口工程使用地下综合管廊将电力管、排水管、通信管等管道集结在一起。采用的预制拼装管廊每节长 1.5m，宽 6.9m，高 4.8m，重达 38t，采用顶进法施工安装到 2、3 号出入口处，该入口处共使用 70 节管廊。但是目前大陆地区还没有结合地铁车站或区间段同步建设综合管廊的案例。

另一方面深圳出台了相关的管理办法，其中规定地铁轨道两边 50m 范围内施工必须经过地铁公司的同意，所以地铁建成后再建综合管廊，协调工作难度将非常大，可行性不高。但是，综合管廊若和地铁同时施工，采用分离的结构建造，预留合适的空间距离，则施工中管线改迁和交通疏解可统一进行，也可避免综合管廊后续施工可能对地铁结构的影响，分离的结构可削弱综合管廊事故对地铁运行的影响，操作的可行性会显著提高，经济效益也会明显增加。

结合地铁区间段建设综合管廊，能充分利用地下空间资源，改善交通环境，符合建设低碳、环保城市要求，有利于城市可持续发展。在城市核心区，随着相应行政和经济管理措施的匹配和完善，在专项地下空间规划的前期控制下，结合地铁区间建设综合管廊应成为充分利用有限的地下资源，提升城市核心区综合品质的新方向。

4.6.2 案例

我国台湾地区的台北市某综合管廊工程干管全长约 6.0km，与捷运轨道共同设计，设计方案中将其分为盾构和明挖结构，收纳管线包括电力、电信、自来水等。其中，盾构隧道段 3.13km，明挖覆盖箱涵段 1.89km，特殊部位 28 个，工程总投资 52 亿元新台币，见图 4-22、图 4-23。

图 4-22　台北市某综合管廊工程示意图

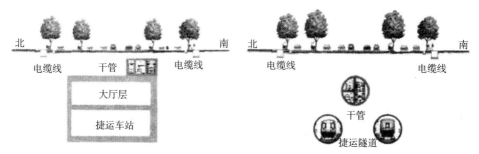

图 4-23　台北市某综合管廊与地铁线路竖向关系示意图

4.7　结合海绵城市设计

综合管廊设计时宜考虑所在区域内海绵城市的雨水下渗通道，属于城市大型带状地下构筑物，对雨水下渗通道会产生一定的影响，为确保综合管廊范围内的地面雨水能够有效下渗，应保证一定的覆土厚度，通常情况下不宜小于1500mm。

综合管廊可根据实际条件与海绵城市的雨水收集池及调蓄设施共同设计、共同建设。在需要设置初期雨水收集池、雨水调蓄池等海绵城市设施的路段，综合管廊可结合海绵城市设施同步实施。

雨水收集池和调蓄池需要的通风、供电、照明、监控报警等系统应与综合管廊附属设施共同设计和建设。综合管廊设计时宜考虑所在区域内海绵城市的雨水下渗通道。

与雨水收集池及调蓄池共建的综合管廊设计应考虑雨水收集及调蓄池的排污及超标雨水排放。初期雨水收集池避峰排至污水系统；可将综合管廊内的渗水排入雨水调蓄池；调蓄池水可以作为综合管廊消防用水、清洁用水及其他回用水；综合管廊应提供雨水收集池和调蓄池的超标雨水排放通道。

雨水收集池及调蓄池的管道宜设置在综合管廊内。雨水收集池需要雨水回用管道，初雨调节池需管道排放至污水处理厂（站），该部分管道易进入综合管廊。

4.8　结合排水防涝设计

4.8.1　一般要求

综合管廊所有露出地面的建（构）筑物孔口应采取防止地面水侵入措施，

露出孔口最下沿标高应满足防洪要求，孔口最下沿在静水位以上的超高应按下式确定：

$$\Delta h = R + A$$

式中：Δh——孔口最下沿在静水位以上的超高（m）；

$\quad\quad R$——最大波浪在岸边上的爬高（m），按照国家标准《海堤工程设计规范》GB/T 51015—2014 附录 E 计算确定；

$\quad\quad A$——安全加高（m），按表4-4确定。

安全加高值（m）　　　　　　　　　　　　　　表4-4

孔口所处位置	海边	河边	蓄滞洪区	山边	绿化带
安全加高值	0.7	0.5	0.3	0.3	0.2

综合管廊沿河布置的河流弯道处，孔口最下沿在静水位以上的超高还应考虑弯道水流流态的加高值，此加高值按下式确定：

$$\Delta h_1 = \frac{v^2 b}{g r_0}$$

式中：Δh_1——弯道外侧水面与中心线水面的高差（m）；

$\quad\quad b$——弯道宽度（m）；

$\quad\quad r_0$——弯道中心线曲率半径（m）；

$\quad\quad V$——河道弯道断面平均流速（m/s）。

重力流雨水管道入廊时，雨水管道的收集支管在出入管廊外墙时，宜采用柔性穿墙管。优先采用柔性穿墙管结构形式时，主要是考虑穿墙处止水出现漏水现象时具备及时修复条件。综合管廊廊内积水排放设计宜综合考虑所在区域地形条件及下游水位标高等因素优先采用重力流排放方式，必要时采用抽排方式，并与城市排水防涝设计结合。

4.8.2　防排水设计

地下管线构筑物的外露面均需要做外防水，防水应以防为主，以排为辅，遵循"防、排、截、堵相结合，因地制宜，经济合理"的原则，同时要坚持以防为主、多道设防、刚柔相济的方法。

1. 以防为主

按防水施工的重要性,地下工程的防水等级分为四级,无论哪个防水等级,混凝土结构自防水是根本防线,结构自防水是抗渗漏的关键,因此在施工中分析地下构筑物混凝土自防水效果的相关因素,采取相应预防措施,改善混凝土自身的抗渗能力,应当成为施工人员关注的重点。防水混凝土的自防水效果影响因素主要有以下几点:

(1)混凝土防水剂的选择及配合比的设计,通常采用 C30,P8 防水混凝土。

(2)原材料的质量控制及准确计量。

(3)浇筑过程中的振捣及细部结构(施工缝、变形缝、穿墙套管、穿墙螺栓等)的处理。

(4)混凝土保护层厚度不够,常常由于施工时不能保证而出现裂缝,造成渗漏。

(5)混凝土的拆模时间及拆模后的养护,养护不良易造成早期失水严重,形成渗漏。

从质量控制的角度来讲,如果采用防水抗渗的商品混凝土,只要混凝土本身是合格的材料,则基本可以满足防水的要求。但是,为了防止防水混凝土的毛细孔、洞和裂缝渗水,还应在结构混凝土的迎水面设置附加防水层,这种防水层应是柔性或韧性,来弥补防水混凝土的缺陷,因此地下防水设计应以防水混凝土为主,再设置附加防水层的封闭层和主防层。

2. 多道设防、刚柔相济

一般的下构筑物的外墙主要起抗水压或自防水作用,再做卷材外防水(即迎水面处理),目前较为普遍的做法就是在构筑物主体结构的迎水面上粘贴防水卷材或涂刷涂料防水层,然后做保护层,再做回填土,达到多道设防,刚柔相济的目的。由于地下防水层长期受地下水浸泡,处于潮湿和水渗透的环境,而且常有一定水压力,除满足防水基本功能外,还应具备与外墙紧密粘结的性能。因防水层埋置在地下,具有永久性和不可置换性的特点,必须长期耐久、耐用。常用的防水卷材有合成高分子防水卷材和高聚物改性沥青防水卷材两大类。

4.9　综合管廊设计实例

4.9.1　北京市某综合管廊工程设计

1. 工程概况

该段道路规划红线宽度为 70m,其中道路两侧绿化带和人行步道各宽 13m,

非机动车道、机动车道（含公交专用线）共宽44m。机动车道下方、沿道路中心线预留宽度为24m的地铁规划用空间。而在道路南、北两侧的非机动车道和人行步道、绿化带下方共集中了电力、电信、热力、上水、煤气、雨水、污水等管线7种13条，包括方沟、管块和直埋管三种形式，埋深2～12m，管径300～2000mm。该地区商业繁华、交通流量很大，地下管线密集，适于采用综合管廊技术进行施工。因此，如果能在该项工程中采用综合管廊技术，把多种管线集中到沿道路两侧延伸的一条或两条综合管廊内，并且在难于明挖的地段改用暗挖工艺施工，就可以在尽量减少对原有道路交通影响的情况下，有效地缩短工期并降低工程造价，获得明显的经济效益和可观的社会效益。

2. 具体方案

在该段道路南侧非机动车道和人行步道的下方布设一条矩形的钢筋混凝土市政综合管廊，综合管廊断面示意图如图4-24所示。该矩形方沟宽约11.15m，高约2.7m，埋深约2m，采用明挖法施工。该方沟分为四室：北侧小室较大，宽约4.4m，两条直径1000mm的热力管道位于该小室；相邻的小室宽1.8m，上水管（直径600mm）位于该小室；第三个小室宽1.6m，电力电缆位于这一小室；最南侧的小室宽2m，为电信电缆专用。道路北侧的人行步道下方修建一条直径3000mm的暗作盾构法圆形市政综合管廊。盾构法圆形市政综合管廊被垂直隔板分为左、右两个小室，左小室为电信电缆、上水管（直径600mm）共用，右室为天然气管道专用。

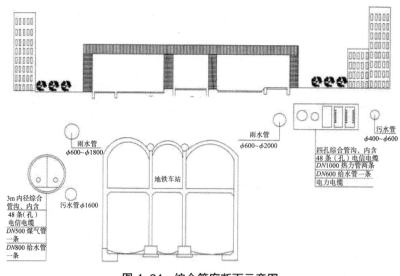

图4-24 综合管廊断面示意图

4.9.2　西安市某综合管廊工程设计

该道路全长 4300m，道路红线宽度为 120m。该段道路为南北向主干道路，是重要通道，因而在该道路实施综合管廊的建设，对完善和提高该区的市政设施起着重要作用。

由于道路过宽，综合管廊为双侧布置，位于道路中线东、西两侧。综合管廊单侧长 3980m，双侧长 7960m。在综合管廊中部设置中心控制室，在中心控制室地下室设置与两侧综合管廊连接的连通沟，并在此处设置了 160m 的参观段，以供相关部门参观交流。

1. 总体设计

（1）入沟管线

根据本区域各专项规划和工程的实际情况，确定纳入沟内的管道：$DN600$ 热力管道（一供一回）、$DN600 \sim DN800$ 给水管道、$DN300$ 再生水管、32 孔通信电缆以及 110kV、10kV 电力电缆。

（2）综合管廊断面设计

综合管廊的断面设计主要根据沟内管线种类、布置形式、安装维护、人行通道以及附属设施等需求进行统筹考虑。设计纳入综合管廊的管线由于有热力管道及 110kV 的电力电缆，热力管道的保温材料容易燃烧，存在消防安全隐患，故设计中将电力单独设置在电力仓内，其他管线设置在综合仓内，这样安全性大大提高。因此，设计综合管廊为双侧布设，单侧为矩形双仓断面，钢筋混凝土结构。

综合管廊综合仓内管线横向布置成三列，设置人行通道。最终确定综合管廊综合仓为 4.6m × 3.0m，电力仓为 1.5m × 3.0m（图 4-25）。

（3）综合管廊竖向设计

综合管廊敷设在绿化带下，考虑到雨水口连接管、各种用户支管连接的需求，综合管廊外顶覆土应不小于 2.0m。在与地下人行通道、相交道路的雨水污水管道等重要障碍物交叉时，综合管廊局部下沉。

（4）设计单元

综合管廊按照每一个防火分区为一个设计单元的原则，每个防火分区内均设计有投料口、机械排风设备、集水坑、消防设备、控制系统、报警系统、监控系统及照明系统等相关设计。

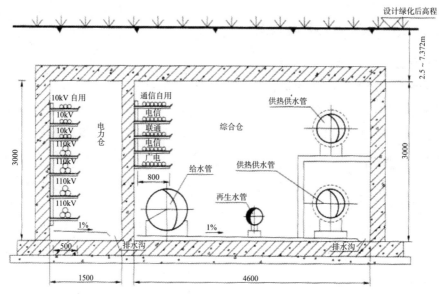

图 4-25　综合管廊标准断面示意图（单位：mm）

（5）工程设计

1）工艺设计

①防火分区及防火门

每 130～200m 为一个防火分区，防火分区分隔采用阻火包及甲级防火门划分。综合管廊的结构形式为钢筋混凝土结构，其燃烧性为不燃烧体。在综合管廊的起始点及终点处分别设置消防出入口。

②吊装口

每个防火分区内的吊装口，设置钢爬梯将综合管廊与室外相通，投料口作为综管廊一个防火分区直通地面疏散口。在综合仓内投料口平面尺寸为 6.6m×1.5m，电力仓投料口平面尺寸为 6.6m×1.0m。投料口上均设有带锁的盖板。

③连通沟

在综合管廊沿线共设有七处连通沟，连通沟设置目的是将东西两侧的综合管廊连通便于检修。连通沟与主沟连通处设置阻火包及甲级防火门，连通沟为独立的防火分区。

④管线用户预埋及路口管线预埋

沟内管道均设有用户预留。根据规划，在路口设置管线接入口，并且每隔 120m 左右设置用户预留，以便今后根据用户需要接入支管。

2）消防设计

①防火分区

根据现行国家标准《建筑设计防火规范》GB 50016，综合管廊按戊类仓库考虑，每个防火分区最大允许建筑面积不超过 1000m²，因此综合管廊每一防火分区不超过 200m。

②灭火系统

综合管廊内均设置火灾自动报警系统，其中水信仓内设计采用 4kg 手提式磷酸铵盐干粉灭火器（每 50m 设 2 具）；电力仓则可采用 S 形气溶胶预制气体灭火系统，全淹没灭火方式。

3）通风系统

综合管廊采用自然通风与机械通风兼排烟系统相结合的通风方式。

每一段防火分区设置投料口，投料口上设置防雨双层百叶窗，兼做自然进风口，区段两端各设机械排风（烟）机一台。

4）排水系统

综合管廊内设置排水沟，主要考虑收集结构渗水和管道维修时放空和事故时排水等。排水方式原则上采用纵向排水沟，并于综合管廊较低点或交叉口设集水坑。综合管廊横断面地坪以 1% 的坡度坡向排水沟，排水沟为宽 200mm，深 100mm，排水沟纵向坡度与综合管廊纵向坡度一致，不小于 0.5%，排水沟坡度坡向排水集水坑。

5）电气设计

①综合管廊电气设计

在综合管廊每组防火区段的投料口内安装一台动力照明配电箱，负责该组防火区段内动力照明设备的配电控制。在风机、排水泵就地设置专用控制箱对设备进行配电和控制。综合管廊内沿线每隔约 40m 设一只 AC380/220V 插座箱，作施工安装、维修等临时接电之用。设备电动机均采用直接启动方式。

②综合管廊照明设计

综合管廊内设一般照明和事故应急照明。每段防火分区内的照明灯具由该区段动力照明配电箱统一配电，设投料口、防火分区手动开关控制和监控系统遥控二级，照明状态信号反馈监控系统。

③综合管廊的接地

综合管廊内集中敷设了大量的电缆，为了综合管廊运行安全，设有可靠的接地系统。

④电缆敷设与防火

消防泵组、综合管廊风机、排水泵、应急照明、综合管廊监控设备等采用 A 类耐火电缆。其他动力采用低烟无卤阻燃电缆。

⑤电气设备选择

变电所 1010.4kV 变压器采用防水紧凑型组合配电式无载调压油浸变压器；低压开关柜采用金属封闭可抽式户内成套柜；沟内动力箱、控制箱等电气设备按防护等级 IP54 选型；照明灯具光源以节能型荧光灯为主，综合内照明灯具防护等级采用 IP65。

6）自控设计

①综合管廊自控系统包括：监控系统；附属电气设备和仪表设备监测系统；安保系统；电视监控系统；火灾自动报警系统。

②监控系统由监控中心、现场 PLC 控制站以及光缆通信网络构成。

③综合管廊自控系统包括火灾报警和灭火系统、附属设备监控系统、安保系统、氧/温度/湿度检测仪表系统、电话系统、仪表系统、过电压保护与接地系统等设计。

7）控制中心

控制中心是整个综合管廊的重要建筑物，内部设有变配电室、监控室、消防泵房、办公室等重要房间。在控制室和综合管廊之间设置一个 3.5m 宽的地下连接通道，以便于工作人员的进出和综合管廊的内部管理。控制中心设计为地下一层，地上三层。总建筑面积约为 1100m²，设防烈度 8 度。

2. 工程设计特点

（1）本工程综合管廊的设计使用年限为 100 年，较传统的综合管廊使用年限长，充分体现综合管廊敷设的优势。

（2）本工程综合管廊设计为双侧双舱断面，但沟内管线布置合理，管线均考虑预留，避免与其他市政管线的交叉。为便于今后管道的安装、检修，横断面设置两个检修通道和吊装口。

（3）本工程考虑到有地下人行通道，综合管廊设置在地下人行通道下，大大减少了工程投资。综合管廊在下降处及出线处均充分考虑管道转弯半径的要求，减小施工难度。

（4）吊装口及通风竖井仅超出地面约 500mm，结合吊装口上设置自然通风口，既达到了自然通风的要求，又不影响城市景观。

（5）鉴于目前我国综合管廊工程相对较少，本工程设置参观段，供相关部门参观交流。参观段综合管廊断面综合舱尺寸较正常段增大 1m。综合管廊参观段与控制中心地下一层通过地下通道顺接，通道尺寸为 3.5m×3.6m。

（6）本综合管廊设计除了热力管道的固定支架外，均考虑了各种管线的支墩、支架的预埋和设计。

（7）防水、防渗设计：防水等级为一级；施工缝采用钢板止水带；变形缝处防水做法采用中埋式钢板橡胶止水带。混凝土抗渗等级为 P8。

第5章 管线设计

5.1 总体要求

管线设计应以综合管廊总体设计为依据,综合管廊内的管线应进行专项设计。纳入综合管廊的金属管道应进行防腐设计。管线配套检测设备、控制执行机构或监控系统应设置与综合管廊监控与报警系统联通的信号传输接口。当出现紧急情况时,经专业管线单位确认,综合管廊管理单位可对管线配套设备进行必要的应急控制。

干线综合管廊主要收容的管线为电力、通信、给水、燃气、热力等管线,有时根据需要也将排水管线收容在内。在干线综合管廊内,电力从超高压变电站输送至一、二次变电站,通信主要为转接局之间的信号传输,燃气主要为燃气厂至高压调压站之间的输送,如图5-1所示。

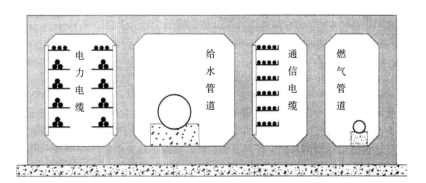

图5-1 干线综合管廊示意图

干线综合管廊的断面通常为圆形或多格箱形,综合管廊内一般要求设置工作通道及照明、通风等设备。

干线综合管廊的特点主要为:

(1)稳定、大流量的运输;

(2)高度的安全性;

（3）内部结构紧凑；

（4）兼顾直接供给到稳定使用的大型用户；

（5）一般需要专用的设备；

（6）管理及运营比较简单。

5.2　给水、再生水管道

本节是关于管材和接口的规定。接口宜采用刚性连接，钢管可采用沟槽式连接。为保证管道运行安全，减少支墩所占空间，规定一般采用刚性接口。管道沟槽式连接又称为卡箍连接，具有柔性特点，使管路具有抗震动、抗收缩和膨胀的能力，便于安装拆卸。

（1）给水、再生水管道设计应符合现行国家标准《室外给水设计规范》GB 50013 和《城镇污水再生利用工程设计规范》GB 50335 的有关规定。

（2）给水、再生水管道可选用钢管、球墨铸铁管、塑料管等。

（3）管道支撑的形式、间距、固定方式应通过计算确定，并应符合现行国家标准《给水排水工程管道结构设计规范》GB 50332 的有关规定。

（4）给水、再生水管道应设置具有远程关闭功能的紧急切断阀。

（5）给水、再生水管道泄水装置宜靠近综合管廊集水坑布置。

（6）大管径给水管道入廊应进行经济效益分析。根据我国台湾地区综合管廊建设经验，给水管管径超过 1000mm 以上管道搬运及接管较为困难，入廊应进行综合分析。

5.3　排水管道

雨水管渠、污水管道设计应符合现行国家标准《室外排水设计规范》GB 50014 的有关规定。进入综合管廊的排水管渠断面尺寸一般较大，增容安装施工难度高，应按规划最高日最高时设计流量确定其断面尺寸，与综合管廊同步实施。同时需按近期流量校核流速，防止管道流速过缓造成淤积。

（1）排水管渠进入综合管廊前，应设置检修闸门或闸槽。

雨水管渠、污水管道进入综合管廊前设置检修闸门、闸槽或沉泥井等设施，有利于管渠的事故处置及维修。有条件时，雨水管渠进入综合管廊前宜截流初期雨水。雨水、污水管道可选用钢管、球墨铸铁管、塑料管等。压力管道宜采用刚性接口，钢管可采用沟槽式连接。关于管材和接口的规定：为保证综合管廊的运行安全，应适当提高进入综合管廊的雨水、污水管道管材选用标准，防止意外情况发生损坏雨水、污水管道。为保证管道运行安全，减少支墩所占空间，规定一般采用刚性接口。管道沟槽式连接又称为卡箍连接，具有柔性特点，使管路具有抗震动、抗收缩和膨胀的能力，便于安装拆卸。雨水、污水管道支撑的形式、间距、固定方式应通过计算确定，并应符合现行国家标准《给水排水工程管道结构设计规范》GB 50332 的有关规定，雨水、污水管道系统应严格密闭。管道应进行功能性试验。由于雨水、污水管道在运行过程中不可避免的会产生 H_2S、沼气等有毒有害及可燃气体，如果这些气体泄漏至管廊舱室内，存在安全隐患；同时雨水、污水泄漏也会对综合管廊的安全运营和维护产生不利影响，因此要求进入综合管廊的雨水、污水管道必须保证其系统的严密性。管道、附件及检查设施等应采用严密性可靠的材料，其连接处密封做法应可靠。

（2）排水管渠严密性试验：

参考现行国家标准《给水排水管道工程施工及验收规范》GB 50268 相关条文，压力管道参照给水管道部分，雨水管渠参照污水管道部分。雨水、污水管道的通气装置应直接引至综合管廊外部安全空间，并应与周边环境相协调。压力流管道高点处设置的排气阀及重力流管道设置的排气井（检查井）等通气装置排出的气体，应直接排至综合管廊以外的大气中，其引出位置应协调考虑周边环境，避开人流密集或可能对环境造成影响的区域，检查及清通设施应满足管道安装、检修、运行和维护的要求。重力流管道应考虑外部排水系统水位变化、冲击负荷等情况对综合管廊内管道运行安全的影响。压力流排水管道的检查口和清扫口等应根据需要设置，具体做法可参考现行国家标准《建筑给水排水设计规范》GB 50015 相关条文。综合管廊内重力流排水管道的运行有可能受到管廊外上、下游排水系统水位波动变化、突发冲击负荷等情况的影响，因此应适当提高进入综合管廊的雨水、污水管道强度标准，保证管道运行安全。条件许可时，可考虑在管廊外上、下游雨水系统设置溢流或调蓄设施以避免对管廊的运行造成危害，利用综合管廊结构本体排除雨水时，雨水舱结构空间应完全独立和严密，并应采取防止雨水倒灌或渗漏至其他舱室的措施。

5.4　天然气管道

天然气管道设计应符合现行国家标准《城镇燃气设计规范》GB 50028 的有关规定。应采用无缝钢管，参照国家标准《城镇燃气设计规范》GB 50028 中第 6.3.1、6.3.2、10.2.23 条规定，为确保天然气管道及综合管廊的安全，作出此规定。无缝钢管标准根据现行国家标准《城镇燃气设计规范》GB 50028 选择，可选择现行国家标准《石油天然气工业 管线输送系统用钢管》GB/T 9711 和《输送流体用无缝钢管》GB/T 8163，或不低于这两个标准的无缝钢管。

管道的连接应采用焊接，焊缝检测要求应符合表 5-1 的规定。天然气管道泄漏是造成燃烧及爆炸事故的根源，为保证纳入综合管廊后的安全，对天然气管道的探伤提出严格要求。

焊缝检测要求　　　　　　　　　　　　　表 5-1

压力级别（MPa）	环焊缝无损检测比例	
$0.8 < P \leqslant 1.6$	100% 射线检验	100% 超声波检验
$0.4 < P \leqslant 0.8$	100% 射线检验	100% 超声波检验
$0.01 < P \leqslant 0.4$	100% 射线检验或 100% 超声波检验	
$P \leqslant 0.01$	100% 射线检验或 100% 超声波检验	

注：1. 射线检验符合现行行业标准《承压设备无损检测 第 2 部分：射线检测》NB/T 47013.2—2015 规定的 Ⅱ级（AB 级）为合格。

2. 超声波检验符合现行行业标准《承压设备无损检测 第 3 部分：超声检测》NB/T 47013.3—2015 规定的 Ⅰ 级为合格。

天然气管道支撑的形式、间距、固定方式应通过计算确定，并应符合现行国家标准《城镇燃气设计规范》GB 50028 的有关规定。天然气管道的阀门、阀件系统设计压力应按提高一个压力等级设计，天然气调压装置不应设置在综合管廊内。根据现行国家标准《城镇燃气设计规范》GB 50028 中第 6.6.2 条第 5 款对天然气调压站的规定："当受到地上条件限制，且调压装置进口压力不大于 0.4MPa 时，可设置在地下单独的建筑物内或地下单独的箱体内，并应符合第 6.6.14 条和第 6.6.5 条的要求。"入廊天然气压力范围为 4.0MPa 以下，即有可能出现天然气从高压调压至中压的情况出现，不符合现行国家标准《城镇燃气设计规范》GB 50028 第 6.6.2 条的规定。考虑到天然气调压装置危险性高，规定各种压力的调压装置均不应设置在综合管廊内。

管道分段阀宜设置在综合管廊外部。当分段阀设置在综合管廊内部时，应具有远程关闭功能。为减少释放源，应尽可能不在天然气管道舱内设置阀门，管道进出综合管廊时应设置具有远程关闭功能的紧急切断阀。紧急切断阀远程关闭阀门由天然气管线主管部门负责。其监视控制信号应上传天然气管线主管部门，同时将监视信号传至管廊控制中心。天然气管道进出综合管廊处附近的埋地管线、放散管、天然气设备等均应满足防雷、防静电接地的要求。

5.5 热力管道

（1）热力管道应采用钢管、保温层及外护管紧密结合成一体的预制管，并应符合国家现行标准《高密度聚乙烯外护管硬质聚氨酯泡沫塑料预制直埋保温管及管件》GB/T 29047 和《玻璃纤维增强塑料外护层聚氨酯泡沫塑料预制直埋保温管》CJ/T 129 的有关规定。作为市政基础设施的供热管网，对管道的可靠性的要求比较高，因此对进入综合管廊的热力管道提出了较高的要求。

（2）管道附件必须进行保温，主要降低管道附件的散热，控制舱室的环境温度。管道及附件保温结构的表面温度不得超过 50℃。保温设计应符合现行国家标准《设备及管道绝热技术通则》GB/T 4272、《设备及管道绝热设计导则》GB/T 8175 和《工业设备及管道绝热工程设计规范》GB 50264 的有关规定。

（3）当热力管道采用蒸汽介质时，排气管应引至综合管廊外部安全空间，并应与周边环境相协调。主要是控制舱内环境温度及确保安全，要求蒸汽管道排气管将蒸汽引至综合管廊外部。

热力管道设计应符合现行行业标准《城镇供热管网设计规范》CJJ 34 和《城镇供热管网结构设计规范》CJJ 105 的有关规定。热力管道及配件保温材料应采用难燃材料或不燃材料。

5.6 电力电缆

电力电缆应采用阻燃电缆或不燃电缆。综合管廊电力电缆一般成束敷设，为了减少电缆可能着火蔓延导致严重事故后果，要求综合管廊内的电力电缆具备阻燃特性或不燃特性。应对综合管廊内的电力电缆设置电气火灾监控系统。电力电缆发生火灾主要是由于电力线路过载引起电缆温升超限，尤其在电缆接头处影响最为明显，最易发生火灾事故。在电缆接头处应设置自动灭火装置。为确保综合管廊安全运行，故对进入综合管廊的电力电缆提出电气火灾监控与自动灭火的规定，敷设安装应按支架形式设计，并应符合现行国家标准《电力工程电缆设计规范》GB 50217 和《交流电气装置的接地设计规范》GB/T 50065 的有关规定。

5.7 通信电缆

通信线缆应采用阻燃线缆。电力电缆、通信线缆敷设于同一舱室时，通信线缆宜采用具有防电磁干扰特性的缆线，如光缆等。电力电缆、通信线缆同舱敷设时，为减少电磁辐射对通信信号的干扰，宜采用光缆等具有防电磁干扰特性的缆线；当采用其他通信线缆时，应有屏蔽防干扰措施，敷设安装应按桥架形式设计，并应符合现行国家标准《综合布线系统工程设计规范》GB 50311 和现行行业标准《光缆进线室设计规定》YD/T 5151 的有关规定。

5.8 其他管线

气动垃圾输送管道应采用钢管，接口应采用带套管的焊接连接方式。气动垃圾输送管道设计应符合现行国家标准《工业金属管道设计规范》GB 50316 的有关规定。在管道弯曲部位，垃圾与管道侧壁发生碰撞并减速，一般情况下，管道曲率越大，碰撞越激烈，减速效果也越显著，严重时会发生堵塞，因此需要在弯管处设置清通装置。应确保气动垃圾输送管道的密封性能，在预留支管处应做相关标识。

空调水系统管道宜采用钢管，钢管接口可采用焊接或法兰连接方式。空调水系统管道及附件的保温设计应符合现行国家标准《设备及管道绝热技术通则》GB/T 4272、《设备及管道绝热设计导则》GB/T 8175 和《工业设备及管道绝热工程设计规范》GB 50264 的有关规定。空调水系统管道支撑的形式、间距、固定方式应通过计算确定，并应符合现行国家标准《给水排水工程管道结构设计规范》GB 50332 的有关规定。

第6章 附属设施设计

6.1 消防系统

综合管廊舱室火灾危险性根据综合管廊内敷设的管线类型、材质、附件等，依据现行国家标准《建筑设计防火规范》GB 50016 有关火灾危险性分类的规定确定。含有下列管线的综合管廊舱室火灾危险性分类应符合表 6-1 的规定。

综合管廊舱室火灾危险性分类   表 6-1

舱室内容纳管线种类		舱室火灾危险性类别
天然气管道		甲
阻燃电力电缆		丙
通信线缆		丙
热力管道		丙
污水管道		丁
雨水管道、给水管道、再生水管道	塑料管等难燃管材	丁
	钢管、球墨铸铁管等不燃管材	戊

当舱室内含有两类及以上管线时，舱室火灾危险性类别应按火灾危险性较大的管线确定。综合管廊主结构体应为耐火极限不低于 3.0h 的不燃性结构。由于综合管廊一般为钢筋混凝土结构或砌体结构，能够满足建筑构件的燃烧性能和耐火极限要求。综合管廊内不同舱室之间应采用耐火极限不低于 3.0h 的不燃性结构进行分隔，除嵌缝材料外，综合管廊内装修材料应采用不燃材料。天然气管道舱及容纳电力电缆的舱室应每隔 200m 采用耐火极限不低于 3.0h 的不燃性墙体进行防火分隔。防火分隔处的门应采用甲级防火门，管线穿越防火隔断部位应采用阻火包等防火封堵措施进行严密封堵。

综合管廊交叉口及各舱室交叉部位应采用耐火极限不低于 3.0h 的不燃性墙体进行防火分隔，当有人员通行需求时，防火分隔处的门应采用甲级防火门，管线穿越防火隔断部位应采用阻火包等防火封堵措施进行严密封堵。综合管廊交叉口部位分布有各类管线，为了管线运行安全，有必要将交叉口部位与标准段采用防火隔断进行分隔。在沿线、人员出入口、逃生口等处设置灭火器材，灭火器材的设置间距不应大于 50m，灭火器的配置应符合现行国家标准《建筑灭火器配置设计规范》GB 50140 的有关规定。干线综合管廊中容纳电力电缆的舱室，支线综合管廊中容纳 6 根及以上电力电缆的舱室应设置自动灭火系统；其他容纳电力电缆的舱室宜设置自动灭火系统。从电缆火灾的危害影响程度与外援扑救难度分析，干线综合管廊中敷设的电力电缆一般主要是输电线路，电压等级高，送电服务范围广，一旦发生火灾，产生的后果非常严重。支线综合管廊中敷设的电力电缆一般主要是中压配电线路，虽然每根电缆送电服务范围有限，但在数量众多时，也会产生严重后果，且外援扑救难度大，修复恢复供电时间长。

综合管廊内的电缆防火与阻燃应符合国家现行标准《电力工程电缆设计规范》GB 50217 和《电力电缆隧道设计规程》DL/T 5484 及《阻燃及耐火电缆 塑料绝缘阻燃及耐火电缆分级和要求 第 1 部分：阻燃电缆》GA 306.1 和《阻燃及耐火电缆 塑料绝缘阻燃及耐火电缆分级和要求 第 2 部分：耐火电缆》GA 306.2 的有关规定。

6.1.1　自动水喷雾灭火系统

采用自动水喷雾灭火系统时综合管廊工程需设置消防水泵房以及相关消防管道、部分电气设备以及部分自动化控制系统。该系统的优点是可实时监控和有效降低火灾现场的火场温度。其缺点是综合管廊内部预留的消防主干管和每个消防分区的消防支管的管位。消防主干管以及消防分区的消防支管的管位预留通常会增大综合管廊的断面尺寸。

6.1.2　泡沫灭火系统

高倍数、中倍数泡沫灭火系统是一种较新的灭火技术。泡沫具有封闭效应、蒸汽效应和冷却效应。其中，封闭效应是指大量的高倍数、中倍数泡沫以密集状态封闭了火灾区域，防止新鲜空气流入，使火焰熄灭。蒸汽效应是指火焰的辐射热使其附近的高倍数、中倍数泡沫中水分蒸发，变成水蒸气，从而吸收大量的热量，而且使蒸汽与空气混合体中的含氧量降低到 7.5% 左右，这个数值大大低于维持燃烧所需氧的含量。冷却效应是指燃烧物附近的高倍数、中倍数泡沫破裂后的水溶液汇集滴落到该物体燥热的表面上，由于这种水溶液的表面张力相当低，使其对燃烧物体的冷却深度超过了同体积普通水的作用。

由于高倍数、中倍数泡沫是导体，所以不能直接与带电部位接触，否则必须在断电后，才可喷发泡沫。综合管廊是埋设于地下的封闭空间，其中分隔为较多的防火分区，根据对规范的系统分类及适用场合的分析，本消防系统可采用高倍数泡沫灭火系统，一次对单个防火分区进行消防灭火。但该系统较复杂，且需先切断电源才能进行灭火。

6.1.3 气溶胶灭火系统

气溶胶灭火主要是利用固体化学混合物（热气溶胶发生剂）经化学反应生成的具有灭火性质的气溶胶，淹没灭火空间，起到隔绝氧气的作用，从而使火焰熄灭。

目前工程中大部分采用 S 形热气溶胶灭火系统。该系统优点是设置方便，灭火系统设备简单，可以带电消防。该系统缺点是未及时更换时或药剂失效后，将不能正常使用；每 5～6 年需更换药剂箱，产生相应运行费用，增加管理工作。

6.1.4 高压细水雾灭火系统

高压细水雾灭火系统是用特殊的喷头喷洒细水雾进行灭火或控火的一种固定式灭火系统。细水雾雾滴直径很小，比表面积大，火场的火焰和高温将它迅速气化，体积可膨胀 1700 倍以上，使得空间的氧气含量降低；雾滴气化时吸收大量热量，使燃烧物体及周边的温度下降，以达到迅速灭火的目的。

高压细水雾灭火系统可进行带电灭火，对环境无污染。

6.1.5 气体灭火系统

气体灭火系统按灭火剂品种分类可分为：卤代烃类（化学灭火剂）灭火系统、卤代烷类（化学灭火剂）气体灭火系统、纯天然气体类灭火系统。其中，前两种气体灭火系统存在一定的环境污染，正在逐渐停止使用。纯天然气体类灭火系统中较为常见的是 CO_2（二氧化碳）灭火系统。

二氧化碳灭火系统扑救气体火灾时，需于灭火前切断气源，因为尽管二氧化碳灭火系统对火灾是有效的，但由于二氧化碳的冷却作用较小，火虽然能扑灭，但难以在短时间内使火场的环境温度（包括其中设置物的温度）降至天然气的燃点以下。如果气源不能关闭，则气体会继续逸出，当逸出量在空间里达到或高过燃烧下限浓度，则有发生爆炸的危险。

由于综合管廊是埋设于地下的封闭空间，且其保护范围为一狭长空间，难以定点实施气体喷射保护，因此需采用全覆盖灭火系统。

6.1.6 超细干粉灭火系统

超细干粉灭火系统的作用机理主要体现在以下几个方面：①有效抑制有焰燃烧：超细干粉灭火剂释放后，在常压氮气驱动下，灭火剂与火焰充分混合，灭火组分迅速捕芬燃烧自由基，使得燃烧反应产生的自由基消耗速度大于产生速度，由于缺乏燃烧所必需的活性自由基，燃烧链式反应过程即告终止，火焰迅速熄灭。②对表面燃烧强窒息作用：超细干粉对扑灭有焰燃烧有很好的速率和效率，而且对一般固体物质的表面燃烧（阴燃）有很好的熄灭作用。当超细干粉粉体与高温燃烧物表面接触时，发生一系列化学反应，在固体表面的高温作用下被熔化并形成一个玻璃状覆盖层将固体表面与周围空气隔开，使燃烧窒息。③遮隔火焰热辐射、冷却被保护物：灭火剂释放时产生的高浓度粉末与火焰相混合，产生的分解吸热反应有效吸收火焰的部分热量，而在分解反应产生的一些副产品，如二氧化碳、水蒸气等，对燃烧区的氧浓度也具有部分稀释作用，使火的燃烧反应减弱。

超细干粉灭火系统虽然其粉尘无毒无害，但在释放过程中能见度低，影响人员逃生，更换频繁，后期维护成本高。

水喷雾灭火系统、泡沫灭火系统、气溶胶灭火系统、高压细水雾灭火系统、气体灭火系统、超细干粉灭火系统等灭火系统各自的特点如表 6-2 所示。

综合管廊自动灭火系统的比较 表 6-2

灭火系统	参考图片	优点	缺点	造价（万元/km）
水喷雾灭火		设备简单成本低廉、可带电消防	占用面积大、管径大、消防用水量大	90
泡沫灭火		不可带电消防、对电气火灾效果较好	占用面积大、管径大、设备位置较难预留、消防后需要进行清洗	100

续表

灭火系统	参考图片	优点	缺点	造价（万元/km）
气溶胶灭火		布置灵活、不占空间、可带电消防、无二次灾害、技术成熟，初期投资低	更换频繁、维护成本高	120
高压细水雾灭火		水量少、占地少、维护成本低、适宜长距离管廊	管道及设备耐压等级较高、需设置消防泵房、初期总体造价高	150
气体灭火		可带电消防、灭火效果好、气体消防不对任何物体造成损坏	造价高、钢瓶多、位置难以落实、须在无人情况下才能使用	—
超细干粉灭火		无管网、布置灵活、不占空间、无须电控和探测器、系统施工简单、可靠性高	更换频繁、维护成本高、对电气管线有腐蚀作用	120

6.2 通风系统

综合管廊宜采用自然进风和机械排风相结合的通风方式。天然气管道舱和含有污水管道的舱室应采用机械进、排风的通风方式。综合管廊的通风主要是保证综合管廊内部空气的质量，应以自然通风为主，机械通风为辅。但是天然气管道舱和含有污水管道的舱室，由于存在可燃气体泄漏的可能，需及时快速将泄漏气体排出，因此采用强制通风方式。综合管廊的通风量应根据通风区间、截面尺寸并经计算确定，且应符合下列规定：

（1）正常通风换气次数不应小于 2 次/h，事故通风换气次数不应小于 6 次/h。

（2）天然气管道舱正常通风换气次数不应小于 6 次/h，事故通风换气次数不应小于 12 次/h。

（3）舱室内天然气浓度大于其爆炸下限浓度值（体积分数）20% 时，应启动事故段分区及其相邻分区的事故通风设备。

设置机械通风装置是防止爆炸性气体混合物形成或缩短爆炸性气体混合物

滞留时间的有效措施之一。通风设备应在天然气浓度检测报警系统发出报警或起动指令时及时可靠地联动，排除爆炸性气体混合物，降低其浓度至安全水平。同时注意进风口不要设置在有可燃及腐蚀介质排放处附近或下风口，排风口排出的空气附近应无可燃物质及腐蚀介质，避免引起次生事故。综合管廊的通风口处出风风速不宜大于 5m/s。综合管廊的通风口应加设防止小动物进入的金属网格，网孔净尺寸不应大于 10mm×10mm。综合管廊的通风设备应符合节能环保要求。天然气管道舱风机应采用防爆风机，当综合管廊内空气温度高于 40℃或需进行线路检修时，应开启排风机，并应满足综合管廊内环境控制的要求。综合管廊舱室内发生火灾时，发生火灾的防火分区及相邻分区的通风设备应能够自动关闭。

综合管廊内应设置事故后机械排烟设施。综合管廊一般为密闭的地下构筑物，不同于一般民用建筑。综合管廊内一旦发生火灾应及时可靠地关闭通风设施。火灾扑灭后由于残余的有毒烟气难以排除，对人员灾后进入清理十分不利，为此应设置事故后机械排烟设施。并根据现行国家标准《爆炸危险环境电力装置设计规范》GB 50058 中第 3.2.4 条规定"当爆炸危险区域内通风的空气流量能使可燃物质很快稀释到爆炸下限值的 25% 以下时，可定为通风良好，并应符合下列规定：对于封闭区域，每平方米地板面积每分钟至少提供 0.3m³ 的空气或至少 1h 换气 6 次"。为保证管廊内的通风良好，确定天然气管道舱正常通风换气次数不应小于 6 次 /h，事故通风换气次数不应小于 12 次 /h。

6.3　排水系统

地下水渗透、结构体漏水或者从开口处流入雨水，都会造成管道内部积水，对管道内管道、电缆电线、照明、通风、排水等设施都会造成不良影响，并且可造成管廊结构体受水浸泡劣化，增加了管廊清洗抽排费用，管廊外侧做好防水措施十分必要。应当设置多种防水措施来互补提高综合管廊防水水平，结构体表面可增加多层防水材料并确保接缝处有很好的细部防水处理。综合管廊面对外界降雨水位高涨，常通过出入口、通风口或渗漏进入管廊内，排水设计路径应当为：横向排水走道旁排水沟集水井—抽至地面公共水沟。中央分离带通风口位置一般以 100 年一次暴雨频率造成积水高度及该区域排水情况来决定通风口凸出地面高度。出入口、通风口应当设有一次就能关闭的防水门以防特殊情况大量外水流入。

除去综合管廊外部水进入舱体，内部有可能出现供水管道连接处漏水，或者供水管道发生事故时漏水，管廊的开口及接缝处漏水。综合管廊内管道维修的放空，发生火灾时需进行水喷雾，供水管道可能发生泄漏等原因，将造成一定的沟内积水。其他情况下综合管廊内部积水很好，因而综合管廊的排水设置一般情况下仅考虑常规排水。

因此，在综合管廊内部需要设置必要的有组织排水系统，以便及时排除内部积水。

综合管廊内的排水系统主要满足排出综合管廊的渗水、管道检修放空水的要求，未考虑管道爆管或消防情况下的排水要求。

采用有组织的排水系统，主要是考虑将水流尽快汇集至集水坑。一般在综合管廊的单侧或双侧设置排水明沟，排水明沟的纵向坡度不小于 0.2%。综合管廊的排水应就近接入城市排水系统，并应在排水管的上端设置逆止阀。具体如图 6-1 所示。综合管廊的排水区间应根据道路的纵坡确定，排水区间不宜大于 400m，应在排水区间的最低点设置集水坑，并设置自动水位排水泵。集水坑的容量应根据渗入综合管廊内的水量和排水扬程确定。

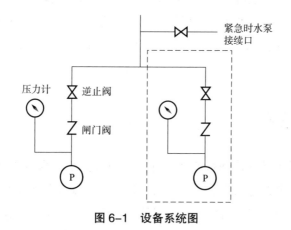

图 6-1　设备系统图

6.4　供电系统

综合管廊供配电系统接线方案、电源供电电压、供电点、供电回路数、容量等应依据综合管廊建设规模、周边电源情况、综合管廊运行管理模式，并经技术经济比较后确定。系统一般呈现网络化布置，涉及的区域比较广。其附属用电设备具有负荷容量相对较小而数量众多、在管廊沿线呈带状分散布置的特点。按不同电压等级电源所适用的合理供电容量和供电距离，一座管廊可采用由沿线城市公网分别直接引入多路 0.4kV 电源进行供电的方案，也可以采用集中一处由城市公网提供中压电源，如 10kV 电源供电的方案。管廊内再划分若干供电分区，由内部自建的 10kV 配变电所供配电。不同电源方案的选取与当地供电部门的公网供电营销原则和综合管廊产权单位性质有关，方案的不同直接影响到建设投资和运行成本，故需做充分调研工作，根据具体条件经综合比较后确定经济合理的供电方案。

综合管廊的消防设备、监控与报警设备、应急照明设备应按现行国家标准《供配电系统设计规范》GB 50052 规定的二级负荷供电。天然气管道舱的监控与报警设备、管道紧急切断阀、事故风机应按二级负荷供电，且宜采用两回线路供电；当采用两回线路供电有困难时，应另设置备用电源，其余用电设备可按三级负荷供电。天然气泄漏将会给综合管廊带来严重的安全隐患，所以管廊中含天然气管道舱室的监控与报警系统应能持续地进行环境检测、数据处理与控制工作。当监测到泄漏浓度超限时，事故风机应能可靠起动、天然气管道紧急切断阀应能可靠关闭。参照现行国家标准《供配电系统设计规范》GB 50052 有关负荷分级规定，故将含天然气管道舱室的监控与报警设备、管道紧急切断阀、事故风机定为二级负荷。

综合管廊附属设备配电系统应符合下列规定：

（1）综合管廊内的低压配电应采用交流 220V/380V 系统，系统接地形式应为 TN-S 制，并宜使三相负荷平衡。

（2）综合管廊应以防火分区作为配电单元，各配电单元电源进线截面应满足该配电单元内设备同时投入使用时的用电需要。

（3）设备受电端的电压偏差：动力设备不宜超过供电标称电压的 ±5%，照明设备不宜超过 +5%、–10%。

（4）应采取无功功率补偿措施。

（5）应在各供电单元总进线处设置电能计量测量装置。

根据综合管廊系统特点制定附属设施配电要求：

（1）由于管廊空间相对狭小，附属设备的配电采用 PE 与 N 分隔的 TN-S 系统，有利于减少对人员的间接电击危害，减少对电子设备的干扰，便于进行总等电位联结。

（2）综合管廊每个防火分区一般均配有各自的进出口、通风、照明、消防设施，将防火分区划作供电单元可便于供电管理和消防时的联动控制。由于综合管廊存在后续各专业管线、电缆等工艺设备的安装敷设，故有必要考虑作业人员同时开启通风、照明等附属设施的可能。

（3）受电设备端电压的电压偏差直接影响到设备功能的正常发挥和使用寿命，本条款选用通用设备技术数据。以长距离带状为特点的管廊供电系统中，应校验线路末端的电压损失不超过规定要求。

（4）应采取无功功率补偿措施；使电源总进线处功率因数满足当地供电部门要求。

综合管廊内电气设备应符合下列规定：

（1）电气设备防护等级应适应地下环境的使用要求，应采取防水防潮措施，防护等级不应低于 IP5。

（2）电气设备应安装在便于维护和操作的地方，不应安装在低洼、可能受积水浸入的地方。

（3）电源总配电箱宜安装在管廊进出口处。

（4）天然气管道舱内的电气设备应符合现行国家标准《爆炸危险环境电力装置设计规范》GB 50058 有关爆炸性气体环境 2 区的防爆规定。

（5）管廊敷设有大量管线、电缆，空间一般紧凑狭小，附属设备及其配电屏、控制箱的安装布置位置应满足设备进行维护、操作对空间的要求，并尽可能不妨碍管廊管线、电缆的敷设。管廊内含有水管时，存在爆管水淹的事故可能，电气设备的安装应考虑这一因素，在处理事故用电完成之前应不受浸水影响。

（6）敷设在管廊中的天然气管道法兰、阀门等属于现行国家标准《爆炸危险环境电力装置设计规范》GB 50058 规定的二级释放源，在通风条件符合规范规定的情况下该区域可划为爆炸性气体环境 2 区，在该区域安装的电气设备应符合现行国家标准《爆炸危险环境电力装置设计规范》GB 50058 的相关规定。

综合管廊内应设置交流 220V/380V 带剩余电流动作保护装置的检修插座，插座沿线间距不宜大于 60m。检修插座容量不宜小于 15kW，安装高度不宜小于 0.5m。天然气管道舱内的检修插座应满足防爆要求，且应在检修环境安全的状态下送电。设置检修插座的目的是考虑到综合管廊管道及其设备安装时的动力要求。根据电焊机的使用情况，其一二次电缆长度一般不超过 30m，以此确定临时接电用插座的设置间距。为了减少爆炸性气体环境中爆炸危险的诱发可能性，在含天然气管线舱室内一般不宜设置插座类电器。当必须设置检修插座时，插座必须采用防爆型，在检修工况且舱内泄漏气体浓度低于爆炸下限值的 20% 时，才允许向插座回路供电。

非消防设备的供电电缆、控制电缆应采用阻燃电缆，火灾时需继续工作的消防设备应采用耐火电缆或不燃电缆。天然气管道舱内的电气线路不应有中间接头，线路敷设应符合现行国家标准《爆炸危险环境电力装置设计规范》GB 50058 的有关规定。在含天然气管线舱室敷设的电气线路应符合现行国家标准《爆炸危险环境电力装置设计规范》GB 50058 的相关规定。

综合管廊每个分区的人员进出口处宜设置本分区通风、照明的控制开关。人员在进入某段管廊时，一般需先进行换气通风、开启照明，故需在入口设置开关。每区段的各出入口均安装开关，可以方便巡检人员在任意一出入口离开时均能及时关闭本段通风或照明，以利节能。

综合管廊接地应符合下列规定：

（1）综合管廊内的接地系统应形成环形接地网，接地电阻不应大于 1Ω。

（2）综合管廊的接地网宜采用热镀锌扁钢，且截面面积不应小于 40mm×5mm。接地网应采用焊接搭接，不得采用螺栓搭接。

（3）综合管廊内的金属构件、电缆金属套、金属管道以及电气设备金属外壳均应与接地网连通。

（4）含天然气管道舱室的接地系统尚应符合现行国家标准《爆炸危险环境电力装置设计规范》GB 50058 的有关规定。

综合管廊的接地应满足各类管线的接地需求：

（1）综合管廊接地装置接地电阻值应符合现行国家标准《交流电气装置的接地设计规范》GB/T 50065 的有关规定。当接地电阻值不满足要求时，可通过经济技术比较增大接地电阻，并校验接触电位差和跨步电位差，且综合接地电阻应不大于 1Ω。

（2）含天然气管线舱室的接地系统设置应符合现行国家标准《爆炸危险环境电力装置设计规范》GB 50058 的相关规定。

综合管廊地上建（构）筑物部分的防雷应符合现行国家标准《建筑物防雷设计规范》GB 50057 的有关规定；地下部分可不设置直击雷防护措施，但应在配电系统中设置防雷电感应过电压的保护装置，并应在综合管廊内设置等电位联结系统。

6.5 照明系统

综合管廊内应设正常照明和应急照明，并应符合下列规定：

（1）综合管廊内人行道上的一般照明的平均照度不应小于15lx，最低照度不应小于5lx；出入口和设备操作处的局部照度可为100lx。监控室一般照明照度不宜小于300lx。

（2）管廊内疏散应急照明照度不应低于5lx，应急电源持续供电时间不应小于60min。

（3）监控室备用应急照明照度应达到正常照明照度的要求。

（4）出入口和各防火分区防火门上方应设置安全出口标志灯，灯光疏散指示标志应设置在距地坪高度1.0m以下，间距不应大于20m。

综合管廊照明灯具应符合下列规定：

（1）灯具应为防触电保护等级I类设备，能触及的可导电部分应与固定线路中的保护（PE）线可靠连接。

（2）灯具应采取防水防潮措施，防护等级不宜低于IP54，并应具有防外力冲撞的防护措施。

（3）灯具应采用节能型光源，并应能快速启动点亮。

（4）安装高度低于2.2m的照明灯具应采用24V及以下安全电压供电。当采用220V电压供电时，应采取防止触电的安全措施，并应敷设灯具外壳专用接地线。

（5）安装在天然气管道舱内的灯具应符合现行国家标准《爆炸危险环境电力装置设计规范》GB 50058的有关规定。

综合管廊通道空间一般紧凑狭小、环境潮湿，且其中需要进行管线的安装施工作业，施工人员或工具较易触碰到照明灯具。所以对管廊中灯具的防潮、防外力、防触电等要求提出具体规定。在含天然气管线舱室安装的照明灯具应符合现行国家标准《爆炸危险环境电力装置设计规范》GB 50058的相关规定，照明回路导线应采用硬铜导线，截面面积不应小于$2.5mm^2$。线路明敷设时宜采用保护管或线槽穿线方式布线。天然气管线舱内的照明线路应采用低压流体输送用镀锌焊接钢管配线，并应进行隔离密封防爆处理。在含天然气管线舱室敷设的照明电气线路也应符合现行国家标准《爆炸危险环境电力装置设计规范》GB 50058的相关规定。

6.6　综合监控系统和管理中心

6.6.1　综合监控系统

综合管廊综合监控系统宜分为环境与设备监控系统、安全防范系统、通信系统、预警与报警系统、地理信息系统和统一管理信息平台等。

监控与报警系统的组成及其系统架构、系统配置应根据综合管廊建设规模、纳入管线的种类、综合管廊运营维护管理模式等确定。监控、报警和联动反馈信号应送至监控中心。

综合管廊应设置环境与设备监控系统，并应符合下列规定：

（1）应能对综合管廊内环境参数进行监测与报警。环境参数检测内容应符合表 6-3 的规定，含有两类及以上管线的舱室，应按较高要求的管线设置。气体报警设定值应符合国家现行标准《密闭空间作业职业危害防护规范》GBZ/T 205 的有关规定。

环境参数检测内容　　　　　　　　　　　　　　　　　　　　　　　表 6-3

舱室容纳管线类别	给水管道、再生水管道、雨水管道	污水管道	天然气管道	热力管道	电力电缆、通信线缆
温度	●	●	●	●	●
湿度	●	●	●	●	●
水位	●	●	●	●	●
O_2	●	●	●	●	●
H_2S 气体	▲	●	▲	▲	▲
CH_4 气体	▲	●	●	▲	▲

注：●应监测；▲宜监测。

（2）雨水利用管廊本体独立的结构空间输送，可不对该空间环境参数进行监测。

（3）应对通风设备、排水泵、电气设备等进行状态监测和控制；设备控制方式宜采用就地手动、就地自动和远程控制。

（4）应设置与管廊内各类管线配套检测设备、控制执行机构联通的信号传输接口；当管线采用自成体系的专业监控系统时，应通过标准通信接口接入综合管廊监控与报警系统统一管理平台。

（5）环境与设备监控系统设备宜采用工业级产品。

（6）H₂S、CH₄ 气体探测器应设置在管廊内人员出入口和通风口处。

综合管廊应设置安全防范系统，并应符合下列规定：

（1）综合管廊内设备集中安装地点、人员出入口、变配电间和监控中心等场所应设置摄像机；综合管廊内沿线每个防火分区内应至少设置一台摄像机，不分防火分区的舱室，摄像机设置间距不应大于 100m。

（2）综合管廊人员出入口、通风口应设置入侵报警探测装置和声光报警器。

（3）综合管廊人员出入口应设置出入口控制装置。

（4）综合管廊应设置电子巡查管理系统，并宜采用离线式。

（5）综合管廊的安全防范系统应符合现行国家标准《安全防范工程技术规范》GB 50348、《入侵报警系统工程设计规范》GB 50394、《视频安防监控系统工程设计规范》GB 50395 和《出入口控制系统工程设计规范》GB 50396 的有关规定。

综合管廊应设置通信系统，并应符合下列规定：

（1）应设置固定式通信系统，电话应与监控中心接通，信号应与通信网络联通。综合管廊人员出入口或每一防火分区内应设置通信点；不分防火分区的舱室，通信点设置间距不应大于 100m。

（2）固定式电话与消防专用电话合用时，应采用独立通信系统。

（3）宜设置用于对讲通话的无线信号覆盖系统。

干线、支线综合管廊含电力电缆的舱室应设置火灾自动报警系统，并应符合下列规定：

（1）应在电力电缆表层设置线型感温火灾探测器，并应在舱室顶部设置线型光纤感温火灾探测器或感烟火灾探测器。

（2）应设置防火门监控系统。

（3）设置火灾探测器的场所应设置手动火灾报警按钮和火灾警报器，手动火灾报警按钮处宜设置电话插孔。

（4）确认火灾后，防火门监控器应联动关闭常开防火门，消防联动控制器应能联动关闭着火分区及相邻分区通风设备、启动自动灭火系统。

（5）应符合现行国家标准《火灾自动报警系统设计规范》GB 50116 的有关规定。

根据以往电力管道工程、综合管廊工程的运营经验，地下舱室火灾危险主要来自敷设的大量电力电缆，所以提出对敷设有电力电缆的管廊舱室进行火灾自动报警的规定，以及时发现处置火灾的发生。本处所指电力电缆不包括为综合管廊配套设施供电的少量电力电缆。

天然气管道舱应设置可燃气体探测报警系统，并应符合下列规定：

（1）天然气报警浓度设定值（上限值）不应大于其爆炸下限值（体积分数）的 20%。

（2）天然气探测器应接入可燃气体报警控制器；当天然气管道舱天然气浓度超过报警浓度设定值（上限值）时，应由可燃气体报警控制器或消防联动控制器联动启动天然气舱事故段分区及其相邻分区的事故通风设备。

（3）紧急切断浓度设定值（上限值）不应大于其爆炸下限值（体积分数）的 25%。

（4）应符合国家现行标准《石油化工可燃气体和有毒气体检测报警设计规范》GB 50493、《城镇燃气设计规范》GB 50028 和《火灾自动报警系统设计规范》GB 50116 的有关规定。

综合管廊宜设置地理信息系统，并应符合下列规定：

（1）应具有综合管廊和内部各专业管线基础数据管理、图档管理、管线拓扑维护、数据离线维护、维修与改造管理、基础数据共享等功能。

（2）应能为综合管廊报警与监控系统统一管理信息平台提供人机交互界面。

综合管廊应设置统一管理平台，并应符合下列规定：

（1）应对监控与报警系统各组成系统进行系统集成，并应具有数据通信、信息采集和综合处理功能。

（2）应与各专业管线配套监控系统联通；通过与各专业管线单位数据通信接口，各专业管线单位应将本专业管线运行信息、会影响到管廊本体安全或其他专业管线安全运行的信息送至统一管理平台；统一管理平台应将监测到的与各专业管线运行安全有关信息送至各专业管线公司。

（3）应与各专业管线单位相关监控平台联通。

（4）宜与城市基础设施地理信息系统联通或预留通信接口。

（5）应具有可靠性、容错性、易维护性和可扩展性。

天然气管道舱内设置的监控与报警系统设备、安装与接线技术要求应符合现行国家标准《爆炸危险环境电力装置设计规范》GB 50058 的有关规定。监控与报警系统中的非消防设备的仪表控制电缆、通信线缆应采用阻燃线缆。消防设备的联动控制线缆应采用耐火线缆。火灾自动报警系统布线应符合现行国家标准

《火灾自动报警系统设计规范》GB 50116 的有关规定。监控与报警系统主干信息传输网络介质宜采用光缆。综合管廊内监控与报警设备防护等级不宜低于 IP65。监控与报警设备应由在线式不间断电源供电。监控与报警系统的防雷、接地应符合现行国家标准《火灾自动报警系统设计规范》GB 50116、《数据中心设计规范》GB 50174 和《建筑物电子信息系统防雷技术规范》GB 50343 的有关规定。

综合管廊是城市的生命线，为保证综合管廊内管线的安全稳定运行，必须设置监控系统，对管廊内的管线及附属设备的运行状态（积水报警和排水系统的自动启动）、环境条件（照明、通风、有毒气体探测报警、温度、湿度）和人员的出入情况进行 24 小时远程监控。监控中心就是综合管廊的核心和枢纽。综合管廊的管理、维护、防灾、安保、设备的远程控制，均在监控中心内部完成。监控与报警系统的组成及其系统架构、系统配置应根据综合管廊建设规模、纳入管线的种类、综合管廊运营维护管理模式等确定。

6.6.2 监控中心

综合管廊应根据规模和管理需要设置市级监控中心、区域级监控中心和本地级监控管理站。各级监控中心宜设置门禁系统。综合管廊的监控中心最好紧邻综合管廊的主线工程，之间设置尽可能短的地下联络通道，这样从综合管廊控制中心到综合管廊内部就比较方便。综合管廊监控中心面积的大小除了满足内部设备布置的要求之外，有时尚要考虑其他因素，其中包括参观展示能力。综合管廊控制中心的位置应在综合管廊系统规划阶段予以明确，建设形式可以和综合管廊合建或同其他公共建筑合建。监控中心与综合管廊之间宜设置直接联络通道，通道的净尺寸应满足管理人员的日常检修要求。

控制中心内设置中央计算机系统，包括监控计算机、管理计算机、服务器、通信计算机、智能化模拟屏等设备，系统显示器上能够形象地反映管廊内的状况、设备状态、仪表检测数据和照明系统的实时数据。

6.7 标识系统

综合管廊的主出入口内应设置综合管廊介绍牌，并应标明综合管廊建设时间、规模、容纳管线。人员出入口、逃生口、管线分支口、灭火器材设置处等部位，应设置带编号的标识。综合管廊穿越河道时，应在河道两侧醒目位置设置明确的标识。一般情况下指控制中心与综合管廊直接连接的出入口,在靠近控制中心侧,应当根据控制中心的空间布置,布置合适的介绍牌,对综合管廊的建设情况进行简要的介绍,以利于综合管廊的管理。纳入综合管廊的管线,应采用符合管线管理单位要求的标识进行区分,并应标明管线属性、规格、产权单位名称、紧急联系电话。标识应设置在醒目位置,间隔距离不应大于 100m。内部容纳的管线较多,管道一般按照颜色区分或每隔一定距离在管道上标识。电(光)缆一般每隔一定间距设置铭牌进行标识。同时针对不同的设备应有醒目的标识。综合管廊的设备旁边应设置设备铭牌,并应标明设备的名称、基本数据、使用方式及紧急联系电话。综合管廊内应设置"禁烟"、"注意碰头"、"注意脚下"、"禁止触摸"、"防坠落"等警示、警告标识。综合管廊内部应设置里程标识,交叉口处应设置方向标识。人员出入口、逃生口、管线分支口、灭火器材设置处等部位,应设置带编号的标识。综合管廊穿越河道时,应在河道两侧醒目位置设置明确的标识。

第 7 章 结构设计

7.1 总体要求

综合管廊土建工程设计应采用以概率理论为基础的极限状态设计方法，应以可靠指标度量结构构件的可靠度。除验算整体稳定外，均应采用含分项系数的设计表达式进行设计。综合管廊结构设计应对承载能力极限状态和正常使用极限状态进行计算。

（1）承载能力极限状态：对应于管廊结构达到最大承载能力，管廊主体结构或连接构件因材料强度被超过而破坏；管廊结构因过量变形而不能继续承载或丧失稳定；管廊结构作为刚体失去平衡（横向滑移、上浮）。

（2）正常使用极限状态：对应于管廊结构符合正常使用或耐久性能的某项规定限值；影响正常使用的变形量限值；影响耐久性能的控制开裂或局部裂缝宽度限值等。

综合管廊工程的结构设计使用年限应为 100 年。根据现行国家标准《建筑结构可靠度设计统一标准》GB 50068 第 1.0.4、1.0.5 条规定，普通房屋和构筑物的结构设计使用年限按照 50 年设计，纪念性建筑和特别重要的建筑结构，设计年限按照 100 年考虑。近年来以城市道路、桥梁为代表的城市生命线工程，结构设计使用年限均提高到 100 年或更高年限的标准。综合管廊作为城市生命线工程，同样需要把结构设计年限提高到 100 年。

综合管廊结构应根据设计使用年限和环境类别进行耐久性设计，并应符合现行国家标准《混凝土结构耐久性设计规范》GB/T 50476 的有关规定。综合管廊工程应按乙类建筑物进行抗震设计，并应满足国家现行标准的有关规定。

（1）结构安全等级应为一级，结构中各类构件的安全等级宜与整个结构的安全等级相同。根据现行国家标准《建筑结构可靠度设计统一标准》GB50068 第 1.0.8 条规定，建筑结构设计时，应根据结构破坏可能产生的后果（危及人的性命、造成经济损失、产生社会影响等）的严重性，采用不同的安全等级。综合管廊内容纳的管线为电力、给水等城市生命线，破坏后产生的经济损失和社会影响都比较严重，故确定综合管廊的安全等级为一级。

（2）结构构件的裂缝控制等级应为三级，结构构件的最大裂缝宽度限值应小于或等于 0.2mm，且不得贯通。现行国家标准《混凝土结构设计规范》GB 50010 第 3.3.3、3.3.4 条将裂缝控制等级分为三级。根据现行国家标准《地下工程防水技术规范》GB 50108 第 4.1.6 条明确规定，裂缝宽度不得大于 0.2mm，并不得贯通。

综合管廊应根据气候条件、水文地质状况、结构特点、施工方法和使用条件等因素进行防水设计，防水等级标准应为二级，并应满足结构的安全、耐久性和使用要求。综合管廊的变形缝、施工缝和预制构件接缝等部位应加强防水和防火措施。根据现行国家标准《地下工程防水技术规范》GB 50108 第 3.2.1 条规定，综合管廊防水等级标准应为二级。综合管廊的地下工程不应漏水，结构表面可有少量湿渍。总湿渍面积不应大于总防水面积的 1/1000；任意 100m^2 防水面积上的湿渍不超过 1 处，单个湿渍的最大面积不得大于 0.1m^2。综合管廊的变形缝、施工缝和预制接缝等部位是管廊结构的薄弱部位，应对其防水和防火措施进行适当加强。对埋设在历史最高水位以下的综合管廊，应根据设计条件计算结构的抗浮稳定。计算时不应计入综合管廊内管线和设备的自重，其他各项作用应取标准值，并应满足抗浮稳定性抗力系数不低于 1.05。预制综合管廊纵向节段的长度应根据节段吊装、运输等施工过程的限制条件综合确定。纵向节段的尺寸及重量不应过大。在构件设计阶段应考虑到节段在吊装、运输过程中受到的车辆、设备、安全、交通等因素的制约，并根据限制条件综合确定。

7.2　材料

综合管廊工程中所使用的材料应根据结构类型、受力条件、使用要求和所处环境等选用，并应考虑耐久性、可靠性和经济性。主要材料宜采用高性能混凝土、高强钢筋。当地基承载力良好、地下水位在综合管廊底板以下时，可采用砌体材料。钢筋混凝土结构的混凝土强度等级不应低于 C35。预应力混凝土结构的混凝土强度等级不应低于 C40。

地下工程部分宜采用自防水混凝土，设计抗渗等级应符合表 7-1 的规定。

防水混凝土设计抗渗等级 表 7-1

管廊埋置深度 H（m）	设计抗渗等级
$H < 10$	P6
$10 \leq H < 20$	P8
$20 \leq H < 30$	P10
$H \geq 30$	P12

用于防水混凝土的水泥应符合下列规定：

（1）水泥品种宜选用硅酸盐水泥、普通硅酸盐水泥；

（2）在受侵蚀性介质作用下，应按侵蚀性介质的性质选用相应的水泥品种。

用于防水混凝土的砂、石应符合现行国家标准《普通混凝土用砂、石质量及检验方法标准》JGJ 52 的有关规定。防水混凝土中各类材料的氯离子含量和含碱量（Na_2O 当量）应符合下列规定：

（1）氯离子含量不应超过凝胶材料总量的 0.1%。

（2）采用无活性骨料时，含碱量不应超过 $3kg/m^3$；采用有活性骨料时，应严格控制混凝土含碱量并掺加矿物掺合料。

综合管廊结构长期受地下水、地表水的作用，为改善结构的耐久性、避免碱骨料反应，应严格控制混凝土中氯离子含量和含碱量，在现行国家标准《混凝土结构设计规范》GB50010 第 3.5 节中，有关于混凝土中总碱含量的限制。国家标准《地下工程防水技术规范》GB50108 第 4.1.14 条中，对防水混凝土总碱含量予以限制。主要是由于地下混凝土工程长期受地下水、地表水的作用，如果混凝土中水泥和外加剂中含碱量高，遇到混凝土中的集料具有碱活性时，即有引起碱骨料反应的危险，因此在地下工程中应对所用的水泥和外加剂的含碱量有所控制。控制的标准同现行国家标准《地下工程防水技术规范》GB 50108 第 4.1.14 条和《混凝土结构耐久性设计规范》GB/T 50476 附录 B.2 的有关规定。

混凝土可根据工程需要掺入减水剂、膨胀剂、防水剂、密实剂、引气剂、复合型外加剂及水泥基渗透结晶型材料等，其品种和用量应经试验确定，所用外加剂的技术性能应符合国家现行标准的有关质量要求。用于拌制混凝土的水，应符合现行国家标准《混凝土用水标准》JGJ 63 的有关规定。

混凝土可根据工程抗裂需要掺入合成纤维或钢纤维，纤维的品种及掺量应符合国家现行标准的有关规定，无相关规定时应通过试验确定。钢筋应符合现行国家标准《钢筋混凝土用钢 第 1 部分：热轧光圆钢筋》GB 1499.1、《钢筋混凝土用钢 第 2 部分：热轧带肋钢筋》GB 1499.2 和《钢筋混凝土用余热处理钢筋》GB 13014 的有关规定。预应力筋宜采用预应力钢绞线和预应力螺纹钢筋，并应符合现行国家标准《预应力混凝土用钢绞线》GB/T 5224 和《预应力混凝土用螺纹钢筋》GB/T 20065 的有关规定。用于连接预制节段的螺栓应符合现行国家标准《钢结构设计规范》GB 50017 的有关规定。纤维增强塑料筋应符合现行国家标准《结构工程用纤维增强复合材料筋》GB/T 26743 的有关规定。预埋钢板宜采用 Q235 钢、Q345 钢，其质量应符合现行国家标准《碳素结构钢》GB/T 700 的有关规定。

砌体结构所用材料的最低强度等级应符合表 7-2 的规定。

砌体结构所用材料的最低强度等级 表 7-2

基土的潮湿程度	混凝土砌块	石材	水泥砂浆
稍潮湿的	MU10	MU40	MU7.5
很潮湿的	MU15	MU40	MU10

弹性橡胶密封垫的主要物理性能应符合表 7-3 的规定。

弹性橡胶密封垫的主要物理性能 表 7-3

序号	项目			指标	
				氯丁橡胶	三元乙丙橡胶
1	硬度（邵氏）（度）			（45±5）~（65±5）	（55±5）~（70±5）
2	伸长率（%）			≥ 350	≥ 330
3	拉伸强度（MPa）			≥ 10.5	≥ 9.5
4	热空气老化	70℃×96h	硬度变化值（邵氏）	≥ +8	≥ +6
			拉伸强度变化率（%）	≥ -20	≥ -15
			扯断伸长率变化率（%）	≥ -30	≥ -30
5	压缩永久变形（70℃×24h）（%）			≤ 35	≤ 28
6	防霉等级			达到或优于 2 级	

注：以上指标均为成品切片测试的数据，若只能以胶料制成试样测试，则其伸长率、拉伸强度的性能数据应达到本规定的 120%。

遇水膨胀橡胶密封垫的主要物理性能应符合表 7-4 的规定。

表 7-4

遇水膨胀橡胶密封垫的主要物理性能

序号	项目		指　标			
			PZ-150	PZ-250	PZ-450	PZ-600
1	硬度（邵氏 A）（度 *）		42 ± 7	42 ± 7	45 ± 7	48 ± 7
2	拉伸强度（MPa）		≥ 3.5	≥ 3.5	≥ 3.5	≥ 3
3	扯断伸长率（%）		≥ 450	≥ 450	≥ 350	≥ 350
4	体积膨胀倍率（%）		≥ 150	≥ 250	≥ 400	≥ 600
5	反复浸水试验	拉伸强度（MPa）	≥ 3	≥ 3	≥ 2	≥ 2
		扯断伸长率（%）	≥ 350	≥ 350	≥ 250	≥ 250
		体积膨胀倍率（%）	≥ 150	≥ 250	≥ 500	≥ 500
6	低温弯折 –20℃ ×2h		无裂纹	无裂纹	无裂纹	无裂纹
7	防霉等级		达到或优于 2 级			

注：1. 硬度为推荐项目。
　　2. 成品切片测试应达到标准的 80%。
　　3. 接头部位的拉伸强度不低于上表标准性能的 50%。

为了提高自防水混凝土的抗渗能力，需要选择一种应用成熟、效果好的混凝土防水剂，严格进行原材料的质量控制与准确计量，施工中的振捣和细部结构（施工缝、变形缝、后浇带、钢筋撑角（环）、穿墙螺栓、穿墙管、桩头等）的处理要到位，混凝土的拆模时间与拆模后的养护方案要根据施工季节及现场的施工条件制定。

7.3　荷载与作用

综合管廊结构上的作用，按性质可分为永久作用和可变作用。

（1）永久作用包括结构自重、土压力、预加应力、重力流管道内的水重、混凝土收缩和徐变产生的荷载、地基的不均匀沉降等。

（2）可变作用包括人群载荷、车辆载荷、管线及附件荷载、压力管道内的静水压力（运行工作压力或设计内水压力）及真空压力、地表水或地下水压力及浮力、温度作用、冻胀力、施工荷载等。

作用在综合管廊结构上的荷载须考虑施工阶段以及使用过程中荷载的变化，选择使整体结构或预制构件应力最大、工作状态最为不利的荷载组合进行设计。地面的车辆荷载一般简化为与结构埋深有关的均布荷载，但覆土较浅时应按实际情况计算。

结构设计时，对不同的作用应采用不同的代表值：对永久作用，应采用标准值作为代表值；对可变作用，应根据设计要求采用标准值、组合值或准永久值作为代表值。作用的标准值，应为设计采用的基本代表值。当结构承受两种或两种以上可变作用时，在承载力极限状态设计或正常使用极限状态按短期效应标准值设计中，对可变作用应取标准值和组合值作为代表值。当正常使用极限状态按长期效应准永久组合设计时，对可变作用应采用准永久值作为代表值。可变作用准永久值为可变作用的标准值乘以作用的准永久值系数。

结构主体及收容管线自重可按结构构件及管线设计尺寸计算确定。对常用材料及其制作件，其自重可按现行国家标准《建筑结构荷载规范》GB 50009 的规定采用。预应力综合管廊结构上的预应力标准值，应为预应力钢筋的张拉控制应力值扣除各项预应力损失后的有效预应力值。张拉控制应力值应按现行国家标准《混凝土结构设计规范》GB 50010 的有关规定确定。

对于建设场地地基土有显著变化段的综合管廊结构，应计算地基不均匀沉降的影响，综合管廊属于狭长形结构，当地质条件复杂时，往往会产生不均匀沉降，对综合管廊结构产生内力。当能够设置变形缝时，应尽量采取设置变形缝的方式来消除由于不均匀沉降产生的内力。当由于外界条件约束不能够设置变形缝时，应考虑地基不均匀沉降的影响。制作、运输和堆放、安装等短暂设计状况下的预制构件验算，应符合现行国家标准《混凝土结构工程施工规范规范》GB 50666 的有关规定。

7.4 结构分析

综合管廊结构一般有现浇混凝土综合管廊和预制拼装综合管廊。现浇混凝土综合管廊结构的截面内力计算宜采用闭合框架模型。作用于结构底板的基底反力应根据地基条件确定采用直线分布或弹性地基上的平面变形截面计算。结构一般为矩形箱涵结构。结构的受力模型为闭合框架。现浇综合管廊闭合框架计算模型如图 7-1 所示。本计算模型仅考虑了综合管廊外部荷载，实际工程中应同时考虑综合管廊内部荷载。

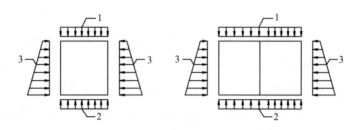

图 7-1 现浇综合管廊闭合框架计算模型

1- 综合管廊顶板载荷；2- 综合管廊地基反力；3- 综合管廊侧向水土压力

现浇混凝土综合管廊结构设计，应符合现行国家标准《混凝土结构设计规范》GB 50010 的有关规定。预制拼装综合管廊结构宜采用预应力筋连接接头、螺栓连接接头或承插式接头。当有可靠依据时，也可采用其他能够保证预制拼装综合管廊结构安全性、适用性和耐久性的接头构造。仅带纵向拼缝接头的预制拼装综合管廊结构的截面内力计算模型宜采用与现浇混凝土综合管廊结构相同的闭合框架模型。预制拼装综合管廊结构计算模型为封闭框架，但是由于拼缝刚度的影响，在计算时应考虑到拼缝刚度对内力折减的影响。预制拼装综合管廊封闭框架计算模型如图 7-2 所示。本计算模型仅考虑了综合管廊外部荷载，实际工程中应同时考虑综合管廊内部荷载。

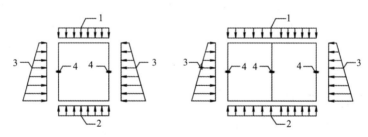

图 7-2 预制综合管廊闭合框架计算模型

1- 综合管廊顶板载荷；2- 综合管廊地基反力；3- 综合管廊侧向水土压力；4- 拼缝接头旋转弹簧

带纵、横向拼缝接头的预制拼装综合管廊的截面内力计算模型应考虑拼缝接头的影响，拼缝接头影响宜采用 K–ζ 法（旋转弹簧–ζ 法）计算，构件的截面内力分配按下式计算：

$$M = K\theta \tag{7-1}$$

$$M_j=(1-\zeta) M, \quad N_j=N \qquad (7-2)$$

$$M_z=(1+\zeta) M, \quad N_z=N \qquad (7-3)$$

式中：K——旋转弹簧常数，$25000\text{kN}\cdot\text{m/rad} \leqslant K \leqslant 50000\text{kN}\cdot\text{m/rad}$；

  M——按照旋转弹簧模型计算得到的带纵、横向拼缝接头的预制拼装综合管廊截面内各构件的弯矩设计值（$\text{kN}\cdot\text{m}$）；

  M_j——预制拼装综合管廊节段横向拼缝接头处弯矩设计值（$\text{kN}\cdot\text{m}$）；

  M_x——预制拼装综合管廊节段整浇部位弯矩设计值（$\text{kN}\cdot\text{m}$）；

  N——按照旋转弹簧模型计算得到的带纵、横向拼缝接头的预制拼装综合管廊截面内各构件的轴力设计值（kN）。

  N_j——预制拼装综合管廊节段横向拼缝接头处轴力设计值（kN）；

  N_x——预制拼装综合管廊节段整浇部位轴力设计值（kN）；

  θ——预制拼装综合管廊拼缝相对转角（rad）；

  ζ——拼缝接头弯矩影响系数。当采用横向通缝拼装时取 $\zeta=0$，当采横向错缝拼装时取 $0.3<\zeta<0.6$。

K、ζ 的取值受拼缝构造、拼装方式和拼装预应力大小等多方面因素影响，一般情况下应通过试验确定。

预制拼装综合管廊结构中，现浇混凝土截面的受弯承载力、受剪承载力和最大裂缝宽度宜符合与现浇混凝土综合管廊相同的规定。结构采用预应力筋连接接头或螺栓连接接头时，其拼缝接头的受弯承载力应符合下列规定（图 7-3）：

$$M \leqslant f_{py}A_p(\frac{h}{2}-\frac{x}{2}) \qquad (7-4)$$

混凝土受压区高度可按下列公式确定：

$$x=\frac{f_{py}A_p}{\alpha_1 f_c b} \qquad (7-5)$$

式中：M——接头弯矩设计值（$\text{kN}\cdot\text{m}$）；

  f_{py}——预应力筋或螺栓的抗拉强度设计值（N/mm^2）；

  A_p——预应力筋或螺栓的截面面积（mm）；

  h——构件截面高度（mm）；

  x——构件混凝土受压区截面高度（mm）；

α_1——系数，当混凝土强度等级不超过 C50 时，取 1.0，当混凝土强度等级为 C80 时，取 0.94，期间按线性内插法确定。

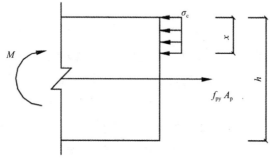

图 7-3　接头弯矩承载力简图

带纵、横向拼缝接头的预制拼装综合管廊在正常使用阶段应对其截面内拼缝接头的外缘张开量进行验算：

$$\omega = \frac{M_k}{K} h \le \omega_{max}$$

式中：ω——预制拼装综合管廊拼缝外缘张开量（mm）；

　　ω_{max}——拼缝外缘最大张开量限值，一般取 2mm；

　　　K——旋转弹簧常数；

　　　h——拼缝截面高度（mm）；

　　　M_k——预制拼装综合管廊拼缝截面弯矩标准值（kN·m）。

预制拼装综合管廊拼缝防水应采用弹性密封原理，以预制成型弹性密封垫为主要防水措施，并保证弹性密封垫的界面应力满足限值要求，弹性密封垫的界面应力不应低于 1.5MPa。拼缝弹性密封垫应沿环、纵面兜绕成框形。沟槽形式、截面尺寸应与弹性密封垫的形式和尺寸相匹配（图 7-4）。拼缝处应至少设置一道密封垫沟槽，密封垫及其沟槽的截面尺寸，应符合下列公式的规定：

$$A = 1.0A_0 \sim 1.5A_0$$

式中：A——密封垫沟槽截面积（mm^2）；

　　A_0——密封垫截面积（mm^2）。

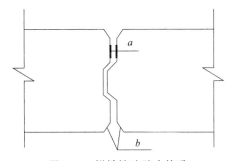

图 7-4　拼缝接头防水构造

a – 弹性密封垫材；*b* – 嵌缝槽

拼缝处应选用弹性橡胶与遇水膨胀橡胶制成的复合密封垫。弹性橡胶密封垫宜采用三元乙丙（EPDM）橡胶或氯丁（CR）橡胶为主要材质。复合密封垫宜采用中间开孔、下部开槽等特殊截面的构造形式，并应制成闭合框形。

7.5　耐久性设计

综合管廊工程设计应进行结构耐久性设计。结构耐久性设计前应对下列内容进行调查：

（1）环境条件，该工程项目对环境的影响，污染治理；

（2）地下水位，土质及水质化学成分和含量。

综合管廊耐久性设计应包括下列内容：

（1）综合管廊全段环境类别；

（2）不同环境下的技术性措施；

（3）结构耐久性的材料和构造要求；

（4）混凝土裂缝控制要求；

（5）防水、排水等构造措施；

（6）检测和维护要求。

综合管廊各部位金属预埋件的锚筋面积和构造要求应按现行国家标准《混凝土结构设计规范》GB 50010 的有关规定确定，预埋件的外露部分，应采取防腐保护措施。混凝土施工缝、伸缩缝等连接缝是结构中相对薄弱的部位，容易使腐蚀性物质进入管廊内部的通道不宜设置施工缝或变形缝。综合管廊宜在与使用环境类别相同的适当位置设置供耐久性检查的专用构件。

7.6 构造

由于地下结构的伸（膨胀）缩（收缩）缝、沉降缝等结构缝是防水防渗的薄弱部位，应尽可能少设，本指南将这三种结构缝功能整合设置为变形缝。变形缝间距综合考虑了混凝土结构温度收缩、基坑施工等因素进行确定，在采取以下措施的情况下，变形缝间距可适当加大，但不宜大于40m：

（1）采取减小混凝土收缩或温度变化的措施；

（2）采用专门的预加应力或增配构造钢筋的措施；

（3）用低收缩混凝土材料，采取跳舱浇筑、后浇带、控制缝等施工方法，并加强施工养护。

根据国内其他地区综合管廊建设的实践经验，采用双橡胶圈的变形缝防水效果良好，可在施工期间对变形缝的防水效果进行检测并及时处理，且在运营期间若出现变形缝渗水可利用密水检验孔或专用注浆孔进行注浆堵漏。综合管廊结构应在纵向设置变形缝，变形缝的设置应符合下列规定：

（1）现浇混凝土综合管廊结构变形缝的最大间距宜为30m，预制装配式综合管廊宜为40m；

（2）结构纵向刚度突变处以及上覆荷载变化处或下卧土层突变处，应设置变形缝；

（3）变形缝的缝宽不宜小于30mm；

（4）变形缝应设置橡胶止水带、填缝材料和嵌缝材料的止水构造；

（5）柔性承插式接头的止水构造宜采用双橡胶圈。

现浇混凝土综合管廊结构外壁厚度不应小于250mm。非承重侧壁和附墙等构件的厚度不宜小于200mm。钢筋的混凝土保护层厚度，在结构迎水（土）面应不小于50mm，在结构其他部位应根据环境条件和耐久性要求按现行国家标准《混凝土结构设计规范》GB 50010的有关规定确定。综合管廊迎水（土）面混凝土保护层厚度参照国家标准《地下工程防水技术规范》GB 50108第4.1.6条和行业标准《电力电缆隧道设计规范》DL/T 5484第4.3.2条的规定确定。

综合管廊的附属设施宜采用预埋件与主体结构连接，附属设施与预埋件宜采用装配式，如管线支架、管线吊装滑轨等，根据国内综合管廊的实践经验，附属设施与主体结构通常采用焊接和螺栓连接两种形式，采用焊接对预埋件及附属设施的防腐层破坏较严重，防腐层修复工作量较大，且存在死角，影响附属设施的耐久性。采用装配整体式对附属设施的防腐层影响小，且便于后期维护更换。另外，装配式支架可根据需求灵活调整上下层间距，便于管线安装。

变形缝、施工缝和其他（如穿墙孔、阴角等）构造节点的设计在综合管廊工程防水设计中占有重要地位，同时也是防水的薄弱环节，在设计中应尽量不设或少设。

长期以来就有"十缝九漏"的说法，虽然有些夸张，却也充分暴露出变形缝防水存在的问题。解决这一问题，除了解决变形缝的防水问题外，尽量减少变形缝的设置也是减少这一现象的有效途径。变形缝的渗漏问题是综合管廊工程的通病之一，已越来越受到工程界的重视，解决好它们的防水设计是铲除这一病害的根本途径。"十缝九漏"，究其原因，除变形缝防水施工难度较大外，防水设计中的单一防线也是原因之一，这就要求工程设计时在变形缝的防水处理上加强重视，变单一式的防水设计为复合式防水设计。目前，应用最广的复合式防水设计有中埋式止水带与外贴防水层复合使用；中埋式止水带与遇水膨胀橡胶条、嵌缝材料复合使用；中埋式止水带与可卸式止水带复合使用。

施工缝的防水设计，传统的凹缝、凸缝、阶梯缝、钢板（橡胶）止水带，其原理都是延长渗水线路，等于加大了混凝土的厚度。这一原理除综合管廊本身不完善外，施工时也不好处理，因此不再提倡单独使用。建议采用外贴式止水带与中埋钢板（橡胶）复合使用，其中以遇水膨胀胶条或腻子条与中埋钢板（橡胶）复合使用最佳，但在防护结构中宜采用钢板，以确保工程的防护效果。

穿墙管、线、螺栓宜采用止水环与遇水膨胀腻子条复合使用，且应采取防止转动的措施，如将止水环平面外形改为非圆形。

总之，构造节点的防水设计应避免单一式，尽量采用复合式防水设计，并且尽量减少变形缝、施工缝的设置，以减少综合管廊工程的漏水概率。

7.7 基坑支护

7.7.1 总体要求

基坑支护工程的设计与施工应综合考虑工程地质与水文地质条件、基坑开挖深度及形状尺寸、周边环境及荷载特征、施工技术条件以及地方经验等因素，注重概念设计，精心组织施工，严格监测与控制。基坑工程的地域性强，地方经验非常重要，由于影响基坑安全的不确定因素众多，理论计算分析结果常常与实际情况存在一定差距，应重视地方经验对基坑工程设计与施工的指导作用。注重概念设计，根据邻近类似的工程实践和当地的施工水平，采取合理的支护措施，对理论分析的结果进行判断和调整。基坑工程根据其开挖深度、周边环境条件及重要性等因素分为三个设计等级：

（1）符合下列条件之一时，属一级基坑工程：

1）开挖深度大于10m；

2）在基坑开挖影响范围内有重要建（构）筑物、轨道交通、需严加保护的管线或其他重要设施。

（2）开挖深度小于5m，且周围环境无特别要求时，属三级基坑工程。

（3）除一级和三级以外的均属二级基坑工程。

基坑工程设计应收集下列资料：

（1）工程地质和水文地质资料、气象资料；

（2）管廊施工图；

（3）道路与管线资料、河道资料；

（4）邻近既有建（构）筑物和地下设施的类型、基础及结构特征、使用现状、与基坑的相对位置；

（5）周边在建和待建项目的工程资料及施工计划；

（6）施工场地布置及荷载限值。

基坑工程设计应包括下列内容：

（1）基坑支护方案比较和选型；

（2）基坑稳定性计算和验算；

（3）支护结构的内力和变形计算；

（4）环境影响分析和环境保护措施；

（5）地下水控制及降排水设计；

（6）基坑支护施工的技术及质量检验要求、土方开挖要求；

（7）监测内容及要求；

（8）应急预案。

基坑工程设计应考虑下列作用效应：

（1）土压力；

（2）水压力（包括静水压力、渗流压力、承压水压力）；

（3）地面超载；

（4）开挖影响范围内的建筑物荷载；

（5）施工荷载；

（6）邻近工程施工的影响。

基坑工程设计除了需考虑基坑工程自身的施工影响因素外，还需重视邻近工程施工的影响。基坑工程自身的施工影响包括：地面超载、施工荷载等。邻近工程距离基坑工程较近时，应重视其施工的影响。邻近工程施工的影响包括：

（1）施工超载增加。邻近基坑的出土口、施工道路邻近基坑时，应考虑其超载作用；

（2）工程桩或围护桩施工影响。邻近工程采用挤土桩，如管桩、钢板桩等，应考虑其挤土产生的侧压力增量，同时考虑其挤土效应可能引起的主动区土体强度的下降；

（3）加载或卸载效应。邻近基坑土方开挖时，卸载可能引起侧压力不平衡；钢支撑预加轴力时，增加了支护结构的侧压力；

（4）盾构法施工时土体应力状态的改变。

作用标准组合时的变形计算值应小于变形控制值，基坑工程设计应按下列要求设定支护结构和周边环境的变形控制值：

（1）基坑周边既有建筑物的变形控制值应根据其结构类型、基础形式、使用状况等因素确定，保证其安全和正常使用；

（2）盾构隧道、管线、文保建筑等设施的变形控制值应满足相关部门和有关规范的规定；

（3）在满足环境保护要求的基础上，支护结构变形控制值不宜超过表 7-5 的数值。

支护结构变形控制值 表 7-5

基坑设计等级	一级	二级	三级
变形控制值	（0.2~0.5）%h	（0.4~0.9）%h	（0.8~1.2）%h

注：1. h 为基坑开挖深度（开挖深度大时取低值）；

2. 环境条件复杂时取低值。

支护结构侧压力计算应考虑下列因素：

（1）土的物理力学性质指标；

（2）支护结构相对土体的变位方向和大小；

（3）地面坡度、地面超载和邻近建（构）筑物的荷载；

（4）地下水位、渗流条件及其变化；

（5）支护体系的刚度、形状和插入深度；

（6）挡墙和土体间的摩擦特性、基坑内外工程桩的影响；

（7）基坑工程的施工方法和施工顺序。

工程桩采用挤土型桩时，挤土桩施工对坑内土体产生扰动。此时，基坑工程设计应考虑桩基施工对土体扰动导致的地基土力学性能劣化的影响。

计算支护结构侧压力时，土、水压力计算方法和土的物理力学指标取值应符合下列规定：

（1）对地下水位以上的黏性土，土的强度指标应选用三轴试验固结不排水抗剪强度指标或直剪试验固结快剪指标；对地下水位以上的粉土、砂土、碎石土，应采用有效应力抗剪强度指标。土的重度取天然重度。

（2）对地下水位以下的粉土、砂土、碎石土等渗透性能较强的土层，应采用有效应力抗剪强度指标和土的有效重度，按水土分算原则计算侧压力。

（3）对地下水位以下的淤泥、淤泥质土和黏性土，宜按水土合算原则计算侧压力。土的重度取饱和重度。

（4）对地下水位以下的正常固结和超固结土，土的抗剪强度指标可结合工程经验选用三轴试验固结不排水抗剪强度指标或直剪试验固结快剪指标。

（1）、（2）对于对地下水位以上或以下的粉土、砂土、碎石土在无条件取得有效应力强度指标时，也可选用三轴试验固结不排水抗剪强度指标或直剪试验固结快剪强度指标。

当同一基坑采用多种不同的支护形式时，交接处应有可靠的过渡措施。基坑支护剖面的开挖深度计算应符合下列要求：

（1）坑外地面标高取值应根据场地内外自然地面标高、周边道路标高、施工单位进场后成桩施工和场地平整等因素后综合确定。对需平整的场地应明确平整的范围。

（2）坑底标高应根据管廊结构的底标高、垫层的厚度以及集水坑等局部深坑的影响综合分析确定。

自然地面标高宜选取坑外周边 2 ~ 3h（h 为基坑深度）范围的场地标高，需平整场地的范围一般也取 2 ~ 3h 的宽度；土质条件差时取高值，土质条件好时取低值。土方开挖完成后应立即对基坑进行封闭，防止水浸和暴露，并应及时进行管廊结构施工。基坑坑边设计地面超载应根据场地条件、周边道路使用状况等因素确定，并不应小于 25kPa。基坑工程应干燥施工，截水及降水时需防止管涌和承压水引起的破坏，避免或减少降水对周围环境的不利影响。基坑回填应在综合管廊结构及防水工程验收合格后进行。回填材料应符合设计要求及国家现行标准的有关规定。综合管廊两侧回填应对称、分层、均匀。管廊顶板上部 1000mm 范围内回填材料应采用人工分层夯实，大型碾压机不得直接在管廊顶板上部施工。

7.7.2 设计计算

当场地及环境条件允许，经验算能保证土坡稳定时，可采用放坡开挖。当场地条件许可、周边环境较好时可采用土钉墙支护。新填土、浜填土、淤泥和深厚软黏土等地基不宜采用土钉墙。土钉墙的设计一般包括下列内容：

（1）土钉的选型和计算，包括土钉材料、直径、长度、间距、倾角及布置等；

（2）墙体的内部整体稳定性分析与外部整体稳定性分析；

（3）喷射混凝土面层的设计计算以及土钉与面层的连接计算；

（4）注浆体强度和注浆方式。

当基坑开挖深度较深、施工场地紧张、地质条件差、环境复杂或基坑变形要求严格时，宜采用桩墙式支护结构。桩墙式支护结构宜与内支撑组合支护，也可由围护墙独立支护。围护墙可采用排桩、型钢水泥土连续墙、板桩等形式。桩墙式支护结构设计主要包括下列内容：

（1）围护墙选型；

（2）围护墙插入深度估算；

（3）基坑抗隆起稳定性验算；

（4）基坑底部土体抗渗流、抗承压水稳定性验算；

（5）围护墙抗倾覆稳定性验算；

（6）基坑整体稳定验算；

（7）围护墙的内力及变形计算；

（8）支撑的承载能力、变形及稳定性计算；

（9）围护墙、支撑、围檩、竖向立柱等构件的截面设计；

（10）基坑开挖对周围环境的影响估算。

围护墙内力及变形分析宜采用竖向弹性地基梁法，对基坑施工过程进行模拟，完整考虑土方开挖、支撑设置、地下结构施工、支撑拆除等工况内力及变形的叠加，并符合下列规定：

（1）内支撑和坑内土体对围护墙的作用以弹簧支座模拟，土体抗力大于按朗肯土压力理论得到的被动土压力时，取被动土压力；

（2）以单根桩或型钢作为计算对象，计算土压力宽度取桩或型钢中心距。

土体的水平基床反力系数的比例系数可参考相关规范要求，按勘察报告取值。当土与挡墙界面粗糙且被动滑裂面与对向围护墙的交点位于基底以下时，对其取值可适当提高。基坑抗隆起稳定验算时，应考虑综合管廊基坑宽度较小的有利影响。内支撑结构可采用钢支撑、钢筋混凝土支撑或钢与钢筋混凝土组合支撑体系，并具有足够的强度、刚度和可靠的连接构造。内支撑结构体系的设计计算需符合下列规定：

（1）支撑体系的荷载应包括由围护墙传来的侧向压力、钢支撑预压力、温度应力、立柱间差异沉降引起的附加应力、内支撑结构的自重和施工活荷载，其中施工活荷载取值不宜小于 $4.0kN/m^2$；

（2）内支撑结构可采用平面杆系模型计算，现浇钢筋混凝土支撑节点按刚接考虑，钢支撑节点宜按铰接考虑。计算结果应按最不利工况取值；

（3）水平荷载作用下，支撑体系可按封闭的平面框架计算其内力和变形。当周边水平荷载不均匀分布，或支撑刚度在平面内分布不均匀时，可在适当位置加设水平约束；

（4）竖向荷载作用下，内支撑构件的内力和变形可按多跨连续梁或空间框架进行计算；

（5）钢筋混凝土围檩的内力和变形可按多跨连续梁计算，钢结构围檩可按简支梁计算，计算跨度取相邻水平支撑的中心距。

7.7.3 地下水控制

地下水控制可采用集水明排、截水、降水以及地下水回灌等方法。降水可以减小作用在支护结构上的侧压力，降低地下水渗流破坏的风险和支护结构的施工难度，但随之带来对周边环境的影响问题，因此需合理确定地下水控制方案，控制基坑降水对周边环境的影响。

根据具体工程特点，基坑工程可采用一种或多种地下水控制方法相结合的形式。如隔渗帷幕＋坑内降水，隔渗帷幕＋坑边控制性降水，降水＋回灌，部分基坑边降水＋部分基坑边截水等。降水或截水一般都需结合集水明排。

基坑可设置竖向或水平向截水帷幕等措施截水。当地质条件和环境条件复杂时，可采用多种截水方法组合。截水帷幕的渗透系数应小于 1×10^{-7}cm/s，厚度应满足防渗要求。基坑截水要求高时，截水帷幕宜连续、封闭，截水帷幕与支护结构应紧密相贴。基坑降水可采用轻型井点、自流深井、真空深井等。降水井的深度应根据设计水位降深、含水层的埋藏分布和降水井的出水能力等综合确定。停止降水的时间应根据管廊结构施工情况、抗浮要求和围护结构形式等综合确定。当坑底以下存在承压含水层时，应进行坑底土体抗承压水稳定性验算；不满足时可采用竖向和水平向截水帷幕、承压水减压等措施。明沟和集水井可用于坑顶截、排水，也可用于基坑降水。用于基坑降水时，降水深度不宜超过5m。对易于产生流砂、潜蚀的场地，不应采用明沟和集水井降水。当基坑周边有建（构）筑物或地下管线等需保护，且坑外水位降深较大时，可采取回灌措施。浅层回灌宜采用回灌砂井或回灌砂沟，深层回灌宜采用回灌井，在基坑施工期间，应对基坑内外地下水位的控制效果及其环境影响进行动态监测，并根据监测数据指导施工。

7.8　地基基础设计

7.8.1　基础设计

基础设计应根据地基复杂程度、综合管廊规模、结构特征以及由于地基问题可能造成综合管廊破坏或影响正常使用等情况对地基基础设计等级进行划分，并应符合国家、行业、地方现行有关标准的相关规定。

根据综合管廊地基基础设计等级及长期荷载作用下地基变形对结构本体的影响程度，地基基础设计应符合下列规定：

（1）地基计算应满足承载力计算的有关规定；

（2）应按地基变形设计并控制差异沉降；

（3）对经常受水平荷载作用或偏压作用的综合管廊，以及建造在斜坡上或边坡附近的综合管廊，尚应验算其稳定性；

（4）基坑工程应进行稳定性验算；

（5）综合管廊结构存在上浮问题时，尚应进行抗浮验算。

地基基础设计时，所采用的作用效应与相应的抗力限值、作用组合的效应设计值均应符合现行国家标准《建筑地基基础设计规范》GB 50007 及深圳市现行标准的相关规定。使用年限不应小于综合管廊结构的设计使用年限。山区丘陵等基岩埋藏较浅的地段，综合管廊宜采用天然地基；深厚回填土地段、淤泥质土、厚砂层等软弱地基区域，明挖施工综合管廊宜采用复合地基或桩基础，基桩应满足耐久性和防腐蚀要求；暗挖施工综合管廊宜采用复合地基；明挖施工综合管廊基坑支护设计、地基处理应符合国家、地方及深圳市现行标准的相关规定。

7.8.2 明挖法

明挖基坑工程设计应包括下列内容：

（1）基坑支护方案比较和选型；

（2）基坑稳定性计算和验算；

（3）支护结构的内力和变形计算；

（4）环境影响分析和环境保护措施；

（5）地下水控制及降排水设计；

（6）基坑支护施工的技术及质量检验要求、土方开挖要求；

（7）监测内容及要求；

（8）应急预案。

当场地及环境条件允许，经验算能保证土坡稳定时，可采用放坡开挖。当场地条件许可、周边环境较好时可采用土钉墙支护。新填土、浜填土、淤泥和深厚软黏土等地基不宜采用土钉墙。当基坑开挖深度较深、施工场地紧张、地质条件差、环境复杂或基坑变形要求严格时，宜采用桩墙式支护结构。桩墙式支护结构宜与内支撑组合支护，也可由围护墙独立支护。围护墙可采用排桩、型钢水泥土连续墙、板桩等形式。

7.8.3 暗挖法

1.顶管法施工设计

顶管方案确定前，应查明顶管沿线建（构）筑物、地下管线和地下障碍物等情况，对采用顶管引起的地表变形和对周围环境的影响，应事先做出充分的预测。当预计难以确保地面建（构）筑物、道路交通和地下管线的正常使用时，应制定有效的监测和保护措施。顶管设计应根据地质和周边环境条件，通过计算合理选择管材、管道埋深、井间距、顶管井结构形式等。

顶管设计应进行抗浮验算，管顶最小覆盖土层厚度不应小于1.5倍管道外径且不应小于3m；当管道穿越河道时，覆土厚度尚应符合管道施工期间的抗浮要求。顶管井结构可采用沉井、地下连续墙、排桩、逆作井和钢板桩等形式，应根据地质条件、管道埋深、施工工艺及环境条件等因素选择。

顶管井结构除了进行水土压力和地面荷载作用效应分析外，工作井还应进行顶力作用效应分析。并采用相应的作用效应最不利组合，对其进行承载能力极限状态和正常使用极限状态设计。顶管顶进长度应综合考虑土层特性、管道材质、管道直径、注浆减阻、中继环的设置等因素。

2. 盾构法施工设计

盾构法施工的综合管廊应结合施工方法、结构形式、断面大小、工程地质、水文地质及环境条件等因素，合理确定其埋置深度及与相邻管线的距离。盾构掘进施工所需的顶部最小覆土层厚度不宜小于盾构外径。盾构机选型和功能应满足隧道施工所处的地质条件和环境安全要求。

盾构法施工的隧道衬砌在满足工程使用、受力和防水要求的前提下，可采用装配式钢筋混凝土单层衬砌或在其内现浇钢筋混凝土内衬的双层衬砌。盾构施工竖井的形式和大小应根据地质条件、盾构组装、拆卸要求和施工出碴进料等需求确定。

竖井结构设计应计及吊装盾构机的附加荷载，以及盾构出发时的反力对竖井内部构件或竖井壁的影响。盾构竖井始发和到达端头的土体应进行加固，加固方法和加固参数应根据土质、地下水、盾构的形式、覆土、周围环境等条件确定。

盾构进出洞口处，应设置洞口密封止水环，在管片与竖井井壁间应设置现浇钢筋混凝土环梁，在竖井井壁应预埋与后浇环梁连接的钢筋。

7.9 案例

7.9.1 以北京某综合管廊工程中双舱管廊十字形节点设计为例

对多舱—多舱管廊之间交叉节点的设计思路进行说明，节点平面见图7-5。

关于人员通行问题，其一，两管廊内部自身人员通行问题，基本的思路是 D 形管廊在 E 形管廊下方穿行，共用顶板（底板），且 D 形管廊底部加深 0.8m，局部加宽、加高，保证了人员在各管廊自身中通行；其二，热力舱之间（热力舱和水信舱之间不通行）的通行问题，通过在 D、E 形管廊的热力舱之间设通行孔和钢爬梯解决；其三，水信舱之间的通行问题，通过在水信舱之间设置钢爬梯和四通平台解决。

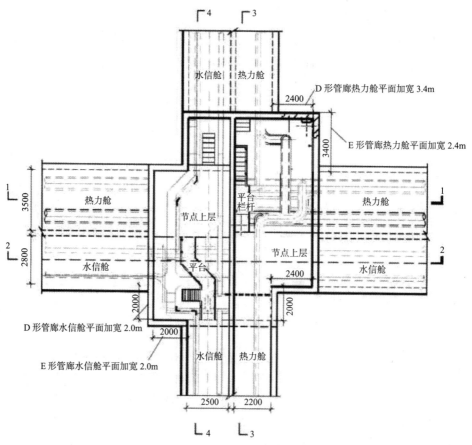

图 7-5　多舱—多舱节点平面图

关于同类管道之间的衔接问题应注意两点。其一，E 形管廊热力舱内 DN400 热力管道穿过共用中间隔板开孔与管廊内 DN600 热力管道连接（连接处设三通和 U 形弯，以减少管道由于热胀冷缩对管道本身的影响）；其二，E 形管廊水信舱内给水管和电信线缆均在节点上层，穿过 D 形管廊的顶板与 D 形管廊内 DN600 给水管和电信线缆连接。此综合管廊工程中型管廊两侧分别加宽 3.0m 和 2.0m，E 形管廊两侧分别加宽了 2.0m 和 2.4m，并在热力舱和水信舱下分别设置了集水坑，不同舱室之间设置与综合管廊同等级防火分区的完整性。具体见图 7-6。

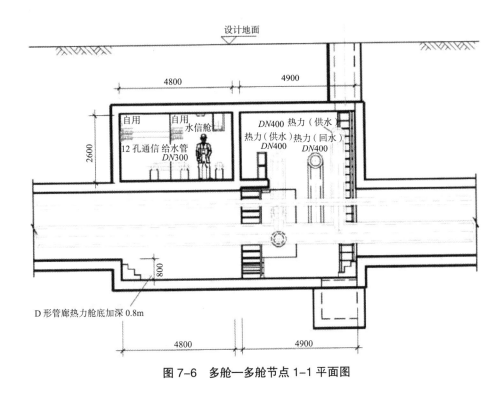

图 7-6 多舱—多舱节点 1–1 平面图

设计要点：交叉管廊考虑局部加宽、加高，保证了人员在各管廊自身中通行。舱内通行考虑设置通行孔及爬行梯。

7.9.2 国内综合管廊设计案例：珠海综合管廊工程

1. 规划概述

此综合管廊与周边环境、路段等布置形成"H"字形环状管廊系统，先期设计纳入管线有电力、给水、通信，超前规划预留供冷、供热、再生水、垃圾真空管（图 7-7），能满足本地区未来 100 年发展使用需求。

图 7-7　珠海某管廊管线布置图

综合管廊内设计安装通风、排水、消防、监控等系统，由控制中心集中控制，实现全智能化运行（图 7-8）。

图 7-8　珠海某综合管廊监控中心

2. 优势

（1）实现土地集约化利用和节约，本地区建设 33.4km 综合管廊，约节省 40 公顷城市建设用地。

（2）综合管廊内各类管线安装、检修、扩容、监控管理变得极为方便，避免了道路的重复开挖，降低成本，提升整体质量。

（3）入廊管线彻底避免了地下高盐分水体侵蚀，且在管廊内相对恒定的温度、湿度条件下，预测会将管线延长 2～3 个生命周期。

（4）纳入综合管廊的各类管线得到了很好的保护，基本不受周边地块开发建设的影响，杜绝人为破坏因素，减少管线抢修工作，同时综合管廊占地上方能很好地进行绿化景观造型，减少埋地管线标识，提升市容质量。

3. 横琴综合管廊设计概述

本地区综合管廊位于规划道路一侧 20m 宽管廊带内，深基坑设计采用先随道路同步进行软基处理，后支护明挖方式。

后期综合管廊内管线安装基本在一个超长的半密闭受限空间内进行，计划总体安装顺序是先照明（正式电源或临时电源）、排水、通风，然后开始管线安装，管线安装顺序原则是按直径先大后小，按材质先硬后软，按部位先底部后上部。

管廊内直径 800～1400mm 给水管道入廊设计难度最大，便计划采用"开、闭结合"的吊装入廊、运输方式：对少量安装位置远离吊装孔且体量较大的管道或成套设备，设计采用先吊装就位后浇筑管廊顶板的"开口"方式；其他管道、管线采用从吊装孔分批入廊，距离纵向运输的"闭口"方式。

第8章 智慧管廊平台设计

8.1 总体要求

智慧管理平台应统一部署，多级使用。智慧管理平台宜逐步结合新技术实现综合管廊能效管理。智慧管理平台宜结合 GIS（地理信息系统）进行设计。智慧管理平台应统一数据、接口标准。智慧管理平台应与通风、供电、照明、监控与报警、排水等系统进行联动，实现统一监测与管控；宜实现与消防系统的联动监测，不宜通过触发方式实现消防设施的联动控制。

消防设施不宜通过感温光纤、温湿度检测仪、有毒有害气体检测仪等监测设备的监测信号触发联动控制，应通过人为核实火灾后，再进行消防设施控制。智慧管理平台应包括终端、存储介质、数据库、数据传输、用户管理和系统日志等方面的安全设计。智慧管理平台宜结合建筑信息模型技术实现对综合管廊规划、建设、运维的管理。

智慧管理平台应建立与各管线单位及第三方单位的信息数据共享机制。智慧管理平台应具备将搜集到的各类入廊管线数据及相关业务数据与各管线单位及财政部门、市政部门、规划部门等相关单位共享的功能。

8.2 功能设计

智慧管理平台应具备用户权限管理功能，实现用户的分组、分权限管理。平台宜实现综合管廊结构主体、附属设施及入廊管线的管理功能。

（1）对综合管廊结构主体管理包括对综合管廊的位置走向坐标、断面规格、各关键点坐标、建设时间、材料、建设方式等；附属设施管理包括综合管廊内安装的每个附属设施（综合管廊内安装的各类电气设备和监控终端等）的位置、设施类型、规格、用途、出厂日期、安装日期等；管线的管理包括各管线的长度、类型、管理单位、运营情况等。

（2）平台应急管理可提供自然灾害、安全事故等应急突发事件的应急处理方式，再由人工决策采纳；联动控制可根据监测数据阈（域）值自动实现电气设施的启动和关闭，并可以结合人工选择的应急处置方式执行。

（3）综合管廊和内部各专业管线基础数据管理、图档管理、管线拓扑维护、数据离线维护、维修与改造管理、基础数据共享等功能，应能为综合管廊报警与监控系统一体化管理信息平台提供人机交互界面。智慧管理平台建设应符合下列规定：

1）应对监控与报警系统各组成系统进行系统集成，并应具有数据通信、信息采集和综合处理功能；

2）应与各专业管线配套监控系统联通。应与各专业管线单位相关监控平台联通；综合管廊及综合管廊内各专业管线单位建设前应根据实际情况确定并统一在线监控接入技术要求；

3）应与各专业管线单位相关监控平台联通，通过与各专业管线单位数据通信接口，各专业管线单位应将本专业管线运行信息、会影响到综合管廊本体安全或其他专业管线安全运行的信息，送至统一管理平台；统一管理平台应将监测到的与各专业管线运行安全有关信息，送至各专业管线单位；

4）宜与城市市政基础设施地理信息系统联通或预留接口；

5）应具备可靠性、容错性、兼容性、易维护性和可扩展性。

8.2.1　系统维护管理功能

地下管线信息系统以地下管线数据和基本比例尺地形图为基础，以实现城市地下管线数据动态管理和信息应用为目标。根据地理信息系统和图形数据与属性数据的一体化管理要求，在系统的规划实施过程中，以"功能部件"为核心进行系统建设。在保证具备科学合理的结构框架基础上，不仅要最大限度地满足用户需求，以期达到预期目标，还必须尽可能地提高各项指标，如可变性、可靠性、经济性等。

地下管线信息系统应实现地下管线信息录入及编辑更新、数据管理、编码维护、用户管理、管线信息图层浏览、图形与属性双向查询、统计分析、空间分析、辅助规划、数据输出等功能。系统管理员还可以通过相应权限登录实施系统维护管理功能。系统维护管理应包括如表 8-1 所列 7 项功能。

系统维护管理功能列表　　　　　　　　　　　　　　　　表 8-1

功能	功能描述
用户管理	对后台数据管理系统的用户进行管理，可以增加、删除、修改用户信息，设计用户表用来管理用户

续表

功能	功能描述
角色管理	对系统的所有用户进行汇总，根据岗位分工及职责划分角色，实现用户的角色管理，可以增加、删除、修改角色，设计角色表用来管理用户角色
权限分配	按照用户的角色（岗位分工及职责）分配系统功能权限，实现系统的可定制，使系统的使用更加灵活
符号管理	提供符号管理功能，能够添加、修改、删除符号。设定图层符号样式，每次调用某图层时自动加载该图层符号，提供专题数据及基础地理信息数据专门的符号库
图层控制	对各个图层的显示比例尺范围、图层显示与否、图层的顺序、加载的图层、标注进行控制
数据字典	对图层的中文及英文名称进行配置，描述每个图层所有字段的中英文对照，对图层的外挂属性库、约束条件进行配置
日志管理	对用户登录及数据更新操作日志进行管理，提供操作日志的备份、删除、查询、导出功能

具有用户管理权限的用户，利用系统设置模块，通过用户管理功能，可以增加删除用户、修改用户权限或用户其他信息。

系统设置可以通过系统配置表的管理进行操作。具有系统设置权限的用户，进入系统设置模块，通过系统表管理的各项功能完成或修改系统配置。系统设置内容主要包括：

（1）添加新图层，如增加"道路红线"层。

（2）定义数据源、数据类型、显示比例。

（3）定义数据专题、专题别名。

（4）定义标注字段。

（5）定义要素代码表。

（6）定义选项列表等。

8.2.2　数据输出功能

1. 输出标准格式数据

地下管线数据库系统的数据输出功能描述见表 8-2。下文给出主要数据输出功能样例。

数据输出功能描述 表 8-2

功能名称	功能描述
输出标准格式数据	输出标准格式数据，供测绘作业部门使用
输出交换格式数据	输出交换格式数据，供管线权属部门信息共享

功能名称	功能描述
输出常用交换格式	输出常用 GIS 软件交换格式数据，供其他信息系统共享使用
输出 CAD 格式数据	供设计、建设部门使用
输出管线成果表	供设计、建设部门使用
制图	制作、输出地下管线图

设计输出功能时，应实现指定范围和指定图层等功能，并应详细记录输出日志。该输出功能应当能按范围输出，包括指定图幅、指定坐标范围或任意绘制范围等输出的选项和指定图层选项。数据输出时应有日志记录，详细记录数据使用单位、接收人、输出日期、输出种类、点数、长度等内容以便于查询统计，或制作报表。

2. 输出交换格式数据

本指南交换格式数据是指可供管线权属单位使用的数据格式。交换格式的种类一般为 XML、文本数据、VCT 等。具体可参照《城市地下管线探测技术规程》CJJ 61。

3. 输出 CAD 格式图形数据

输出 CAD 格式图形数据主要是提供给设计、建设部门使用。进行该项功能设计时应考虑以下因素：

（1）输出的 CAD 格式管线图应符合地方设计、建设部门的使用标准和习惯。

（2）应当具有按范围输出的功能，包括指定图幅、指定坐标范围或任意绘制范围等。

（3）应当具有指定图层的功能。

（4）一般情况下，输出方沟图形时，不绘制该方沟对应的管线线段。

8.2.3 数据查询、统计、分析功能

管线的查询、统计、分析功能描述参见表 8-3。其中，地图浏览和图层控制属于查询、统计、分析及前文的编辑更新功能的辅助功能。

管线的查询、统计、分析功能描述 表 8-3

功能	功能细化	功能描述
地图浏览	图形放大	图形放大显示
	图形缩小	图形以屏幕为中心进行缩小

续表

功能	功能细化	功能描述
地图浏览	图形平移	将图形进行上、下、左、右任意移动
	整图显示	在任何放大或缩小状态，以整图进行显示
	前后左右地图移动	分别向四个方向移动半个窗口大小的距离
	前后视图	显示当前操作之前上一个视图的情况，显示后一个视图的情况
	比例尺设置	系统将以输入的比例来显示图形，且将其比例尺信息在信息提示栏中显示
地图测量	点信息测量	系统用弹出式窗体的方式显示点信息（点的 X、Y 坐标）
	线信息测量	系统用弹出式窗体的方式显示线信息（线的折线长度）
	面信息测量	系统用弹出式窗体的方式显示面信息（面的面积和周长）
地图信息查询	元素 SQL 查询	根据 soL 语句在地图上高亮显示满足该 SQIJ 的地图元素
	选择集缩放	选择集放大到当前地图视图
	选择集属性表	将当前选择集所有空间信息的属性信息列表，能够打印该属性信息
	清除选择集	清除当前图或所有图选择集
	设置选择模式	设置图层选择模式
图层控制	图层设置	设置图层是否可选
	地图显示设置	设置地图显示颜色、背景、范围
	地图注记设置	设置地图注记内容、注记字体、显示颜色、显示状态等
	地图属性	是否可见、显示范围、信息查询
	图层显示比例尺	设置图层显示比例尺范围
	图层分类	根据管理需要进行适当的分类并能控制其显示与否
	图层组织顺序	设置图层显示顺序，能够按显示需要设置图层显示顺序的优先级别
统计分析	管线浏览	按管线类型、所在道路分类浏览，地下模式，挖坑显示
	管线分析	断面分析，爆管分析，连通分析，预警分析，流向分析
	辅助规划	管间距分析，管线设计验证，设计规范参数查询，叠加管线规划审批矢量数据

1. 管线浏览

管线浏览功能主要是提供一些如表 8-3 所示通用的视图的浏览工具，为满足管线用户的特殊需要，也可把一些工具进行组合设计，方便用户操作。

（1）按管线类型分层显示管线、管点模型

该功能可采用图层树和下拉菜单两种方式实现，每种类型的管线和管点同步显示。

（2）按街道显示某类或全部管线

选择街道名称可自动定位到目标街道，居中显示所属街道内管线。

（3）特定视角浏览

可制作俯视、平视、轴侧视图浏览按钮，方便用户定位场景。

（4）地下模式或挖坑显示

支持地下模式或者挖坑显示地下管线，进入地下模式后，地面模型半透明显示。

2. 管线查询

（1）空间查询

通过鼠标点选管线，数据库系统显示管线的类型、管径、起止高程、权属单位、所在道路、埋没年代等属性信息，并可进一步查询相关设计规范。

通过选择管点模型，数据库系统显示管点的构筑物类型、权属、连接管高程、连接管管径，并可进一步查询相关设计规范。

（2）按管径、道路进行属性查询

交互输入管径范围，数据库系统自动查询出符合管径条件的管线并高亮显示，可根据道路名称等进一步筛选查询结果。

（3）综合条件属性查询

可组合管径、权属、所在道路、埋设年代等条件进行综合属性查询。

3. 管线分析

（1）断面分析

该项功能可实现三维断面图、二维横纵断面图的生成，断面图应显示地平线。

（2）爆管分析

设定事故发生点后，该项功能可查询分析距离此事故点最近的阀门，形成关阀方案，并输出影响范围、影响单位和事故通知等信息。

（3）连通性分析

选择管点，做连通分量分析，数据库系统高亮显示与此管点直接相连的管段；做连通检查，数据库系统显示与此管点有连接关系的所有管段。

（4）预警分析

用于分析管线的生命周期及保养情况。数据库系统可根据管线设计年限、埋设年代、覆土高度等信息分析危险管线，为管线维修、更换提供决策支持。

（5）流向分析

按街道范围分析自重力管线的流向信息，并以流水动画或指示箭头的方式表示流动方向。

8.3 数据库设计

综合管廊数据库的数据内容应完整、准确、规范，并应建立统一的命名规则、分类编码和标识编码体系。

综合管廊数据库的内容应包含基础数据、业务数据、监测数据、共享数据、专题数据等，并应具备扩展和异构数据兼容功能。考虑到后续各项系统功能研发的需求，综合管廊数据库所存储和管理的数据内容应包括基础数据、业务数据、监测数据、共享数据、专题数据等几个方面。其中，基础数据包括综合管廊结构主体数据、附属设施数据、综合管廊内部管线数据、元数据和基础地理信息数据等基本信息数据；业务数据包括值班数据、巡查数据、入廊业务受理数据、保养检修数据、施工作业监管数据等综合管廊运行维护业务相关的数据；综合管廊监测数据应包括监测设备的终端编号、类型，以及监测结果相关的监测阈（域）值、监测值、监测时间等数据；共享数据是指用于对外共享的数据，对于涉密数据，需要先经过脱密处理后才能够作为共享数据应用；专题数据应包括运营分析数据、事件分析等数据。

综合管廊数据管理应建立有效的数据备份和恢复机制，数据的保密管理应符合国家相关规定。综合管廊数据库应建立必要的索引，提高查询效率。综合管廊数据库宜采用分布式技术，并具有可扩展性、高并发性和高可用性等特点。

8.3.1 数据库入库前的质量检查

为生产合格的管线数据产品，必须对采集的数据、元数据、图历簿、精度检测报告等进行检验，最后形成产品检查报告和验收报告。这些数据、文档连同项目的技术设计和技术总结一同上交。

对通过各种方法采集的管线数据，根据现行行业标准《数字测绘成果质量检查与验收》CJB/T 18316，必须检查其空间参考系、位置精度、属性精度、完整性、逻辑一致性、时间精度、表征质量和附件质量 8 个质量元素方面的内容。

1. 空间参考系

空间参考系质量元素包括大地基准、高程基准、地图投影和图幅分幅四个质量子元素。具体应检查坐标系统、高程基准和地图投影各参数是否符合要求，另外还要检查图廓角点坐标、内图廓线坐标、公里网线坐标是否符合要求。

2. 位置精度

位置精度质量元素包括平面精度质量子元素和高程精度质量子元素。平面精度质量子元素应检查平面位置中误差、检查控制点平面坐标处理不符合要求的个数，检查要素几何位置偏移超限的个数，另外还要检查要素几何位置接边错误的个数。

高程精度质量子元素应检查等高距是否符合要求，检查高程注记点和等高线高程的中误差，另外还应检查控制点高程值处理不符合要求的个数。

3. 属性精度

属性精度质量元素包括分类正确性质量子元素和属性正确性质量子元素。分类正确性质量子元素应检查包括属性值不接边错误在内的要素分类代码值错漏个数。对于采用航空摄影法进行的数据采集还应检查影像解译分类错漏的个数。属性正确性质量子元素应检查包括属性值不接边在内的属性值错漏个数。

4. 完整性

要素完整性质量要素包括多余质量子元素和遗漏质量子元素。多余质量子元素应检查要素多余的个数（包括非本层要素，即要素放错层）。

5. 逻辑一致性

逻辑一致性质量要素包括概念一致性、格式一致性、拓扑一致性三个质量子元素。概念一致性质量子元素应检查属性项定义是否符合要求（如名称、类型、长度、顺序数等）和数据集（层）定义是否符合要求。

格式一致性质量子元素应检查数据文件存储组织、数据文件格式和数据文件名称是否符合要求，另外应检查数据文件是否有缺失、多余、数据无法读出问题。

拓扑一致性质量子元素应检查拓扑关系是否符合要求，另外检查不重合错误个数、重复要素个数、要素未相接错误个数（如错误的悬挂点现象等）、要素不连续的错误个数（如错误的伪节点现象等）、未闭合要素的错误个数、要素未打断的错误个数（如相交应打断而未打断等现象）。

6. 时间精度

时间精度质量元素包括现势性质量子元素。具体应检查原始资料和成果数据的现势性。

7. 表征质量

表征质量元素包括几何表达、地理表达、符号、注记、整饰五个质量子元素。具体应检查内图廓外的注记及整饰、内图廓线、公里网线、经纬网线等是否符合要求。另外还要检查要素几何类型点、线、面表达错误的个数，要素几何图形异常的个数（如极小的不合理面或极短的不合理线，折刺、回头线、粘连、自相交、抖动等），要素取舍错误的个数，图形概括错误的个数，要素错误的处数，要素方向特征错误的个数，符号规格（图形、颜色、尺寸、定位等）错误的个数，符号配置不合理的个数，注记规格（字体、字号、字色等）错误的个数，注记内容错漏的个数，注记配置不合理的个数。

8. 附件质量

附件质量元素包括元数据、图历簿、附属文档质量子元素。具体应检查成果附属资料的完整性、正确性、权威性，另外还应检查元数据项、元数据各项内容和图历簿各项内容的错漏个数。

入库前管线数据要求：数据分层正确，图形要素无重复或遗漏；地下管线属性要素分类与代码正确，属性项和属性值完整、正确；元数据的内容正确、完整；管线点、管线线段、构筑物之间连接关系正确。

8.3.2 管线数据入库的几种方法

在地形图数据入库之前，首先要建立地形图数据库结构，其主要工作包括：建立一个坐标系统（包括椭球体选择、定位参数的确定等，地图投影类型及参数的选择，长度单位的确定），确定各图层的空间范围和几何类型，定义各个图层的属性项。由此搭建起管线数据库的框架结构。

管线数据入库的方法主要有两种：分幅（分条）批量入库或分层批量入库方法，分幅（分条）批量入库适于面积较大、地形图图幅数较多（如数百幅甚至数千幅，数百条甚至数千条）的大中城市。分层批量入库方法适于面积较小、图幅数或道路数较少（如不足百幅或百条）的小城市。数据入库可选用手动添加或程序批量入库。数据入库后应记录数据入库日志。

1. 分幅或分条批量入库

分幅或分条管线数据是管线数据组织的基本单位，也是管线数据入库的一种基本方法。分幅或分条组织的管线数据在经过数据接边和数据质量检查后，在管线数据库的框架结构基础上，可进行管线数据的分幅或分条批量入库。具体步骤如下：

（1）按照管线数据分幅或分条存储目录字符排列顺序，打开某个图幅或道路的管线数据目录；将本目录内的各数据层依据其名称排列顺序依次导入管线数据库。

（2）顺序转入下一个管线数据分幅或分条存储目录，重复（1）的操作，直至所有管线数据分幅或分条存储目录的所有管线图层全部导入管线数据库。

（3）对于入库时出现问题不能正常入库的图层，应记录图层目录及图层名、出错原因等。认真检查该数据质量，并进行编辑修改，直到正确无误能入到管线数据库为止。

2. 分层批量入库

分层批量入库可看成是图幅或道路条数为 1 的分幅批量入库情况。

8.3.3　入库管线数据的后处理

管线数据经过采集、质量检查和入库后，只是完成了数据由分散到结构化集中的过程，还没有完成跨图幅管线线、面要素的合并及其唯一代码编制工作。为方便使用及后续管线更新需要，还应完成上述工作。

1. 跨图幅管线数据线、面要素的合并

虽然在管线数据采集过程中，有过管线数据线面要素的接边，但这种接边只是逻辑上的接边，尽管人的肉眼看不到同一目标在图幅结合处的缝隙（而且其属性也相同），但实际上它们在不同的图幅上依然是独立的目标，也就是说还不是同一个目标，没有实现真正意义上的物理接边。要实现真正意义上的物理接边，必须找出跨图幅的线、面要素的各个部分，在相关 GIS 平台软件的支持下，将同一目标的不同部分（可能包括很多部分，如较长的管线等）合并成同一个目标。该项工作实现的主要思路是：

（1）分层找出需要进行合并的要素。通过找出与管线图廓相交的线、面要素就找出了需要进行合并的要素。

（2）逐个找出需要合并要素的各个部分，并进行连接排序。对于需要进行合并要素的每个部分，提取其两个端点坐标和各项属性值，找出分别与端点坐标和各项属性值相同的其他需要合并要素部分，并进行连接排序。

（3）需要合并要素各个部分的合并。在相关 GIS 平台下对需要合并要素的各个部分依次进行要素合并，直到将需要合并要素各个部分合并为一个完整要素，完成需要合并要素各个部分的合并。

2. 唯一代码编制

为便于管线要素的更新及变化要素的识别，在完成管线要素的接边合并后还需给每个地形图要素一个唯一代码。这样做的目的是管线的每个要素都有唯一标识，当其输出到外业修测时，通过对比修测前后数据，可以很方便地找到输出要素的图形属性信息变化情况。

唯一代码的构成一般是：分区代码＋分类代码＋顺序号。分区代码可以选择图幅号或政区代码或道路代码等，不同图层可选用不同代码，如点状要素采用图幅号，小室采用道路代码等，其原则主要是保持分区的连续性和要素的完整性。分类代码可选用现行国家标准《基础地理信息要素分类与代码》GB/T 13923，顺序号可选用 5～10 位数字表示。

3. 入库数据检查

跨图幅管线线、面要素的唯一代码编制工作一般通过编制相应程序自动化完成，跨图幅管线线、面要素的合并工作有可能半自动化配合手工合并完成。工作完成后需检查各步工作的正确性，例如管线要素编码的正确性，数据是否存放在规定的数据表中，入库后数据是否完整，数据是否重复入库和数据拼接是否无缝。

8.3.4　管线数据变化的获取途径

地下管线的变化方式主要包括新铺设管线、已有管线翻建或改扩建、管线注销或拆除。获取地下管线的变化信息的手段包括管线普查、管线工程竣工测量和地下管线专业管理单位的地下管线专业图。其中管线普查涉及工作量较大，更新周期长，财务开支比较大，是一种对管线数据库的快照更新或版本式更新。采用管线工程竣工测量和地下管线专业管理单位的地下管线专业图获取地下管线的变化信息针对性强，工作量相对较小，可实现对管线数据库的增量更新。

《城市地下管线工程档案管理办法》（中华人民共和国建设部令第 136 号）第八条至第十条规定"地下管线工程覆土前，建设单位应当委托具有相应资质的工程测量单位，按照现行行业标准《城市地下管线探测技术规程》CJJ 61 进行竣工测量，形成准确的竣工测量数据文件和管线工程测量图。地下管线工程竣工验收前，建设单位应当提请城建档案管理机构对地下管线工程档案进行专项预验收。建设单位在地下管线工程竣工验收备案前，应当向城建档案管理机构移交下列档案资料：（1）地下管线工程项目准备阶段文件、监理文件、施工文件、竣工验收文件和竣工图；（2）地下管线竣工测量成果；（3）其他应当归档的文件资料（电子文件、工程照片、录像等）。城市供水、排水、燃气、热力、电力、电信等地下管线专业管理单位（以下简称"地下管线专业管理单位"）应当及时向城建档案管理机构移交地下专业管线图。"因此可以通过地下管线工程竣工测量获取新铺设管线及已有管线翻建或改扩建而发生变化的管线信息。

《城市地下管线工程档案管理办法》第十二条规定"地下管线专业管理单位应当将更改、报废、漏测部分的地下管线工程档案，及时修改补充到本单位的地下管线专业图上，并将修改补充的地下管线专业图及有关资料向城建档案管理机构移交。"因此可以通过地下管线专业管理单位地下管线专业图获取报废或漏测管线信息。

8.3.5　管线数据库更新

管线数据库更新包括三种方法：管线普查、管线工程竣工测量和地下管线专业管理单位的地下管线专业图。管线普查方法实际是重新采集一遍管线数据，用地下管线专业管理单位的地下管线专业图更新管线数据库，实际是把变化的管线从地下管线专业管理单位的地下管线专业图上转绘到地下管线数据库内。采用管线工程竣工测量更新管线数据库的方法如下。

1. 管线工程竣工测量

管线工程竣工测量应在覆土前进行。当不能在覆土前施测时，应在覆土前用固定地物或临近控制点采用距离交会法准确栓点，量测管线点与固定地物点的高差，在实地做出标志和做好点记，待以后还原点位再进行连测。竣工测量控制点布设管线控制测量相关规定，当利用原定线的控制点时应进行边、角校核。竣工测量应按规定，实地逐项填写地下管线探查记录表。竣工测量采集的数据应符合数据入库的要求。

地下管线测量成果质量检查要求有：各种原始手簿齐整；各项计算应正确；坐标、高程测量的各项误差符合要求；展绘误差在限差以内；管线连接关系正确；成果表抄录正确。

地下管线测量成果质量检查应做好质量检查记录，并进行质量评定。对发现的问题应及时作出标识、记录，并采取相应的纠正措施。

地下管线的测量成果应进行成果质量检验。管线工程竣工测量结束后应对竣测成果进行处理，编绘工程区域的专业管线图、综合管线图、横断面图和管点坐标成果表等，并参照进行数据入库前检查。采用管线竣工测量进行管线数据库更新一般通过使用管线竣工测量外业 PDA 数据采集软件和管线竣工测量成果数据处理软件实现。

（1）管线竣工测量外业 PDA 数据采集软件

在建立城市综合地下管线信息系统中，管线的外业调查及成图占有重要的地位，而传统的管线测量方式还没有实现管线数据调查、更新的内外业的一体化。随着"数字城市"建设的逐步深入，对基础空间数据的需求越来越多，综合地下管线调查测绘生产作为一个管线信息主要的数据来源，其数据来源和数据可靠性及生产效率对生产部门的数据工作将产生直接的影响。

管线竣工测量外业 PDA 数据采集软件，可以实现从数据采集到处理、编辑、存储过程的计算机化，是测量单位在管线测量方面实现内外业一体化的工艺流程上的第一环。

采用管线竣工测量外业 PDA 数据采集软件进行一体化作业，将使地下管线信息数据的更新形成良性循环。

管线竣工测量外业 PDA 数据采集软件主要解决以下问题：

1）根据实际工作需要，设计科学合理的文件存储及输出格式。

2）管线调查，记录各种管线调查结果，直接存储到相应数据文件中，同时生成并存储记录管线点关系。在管线点调查时实现对点记录数据操作的一些基本功能，如浏览、修改和查询数据等。

3）实现对导线、支导线、水准和管线原始记录的存储、浏览、修改及计算；对原始记录数据和计算结果能实时显示并分别保存到相应数据文件中。

4）实现与全站仪进行串口通信，自动获取测量数据。

5）根据工作实际所需格式分别建立与导线、支导线、水准、管线调查和管线测量对应的打印文件。

6）能够与现有地下管线数据处理软件进行数据交换。

7）能在常见的多种 PDA 上运行。

管线竣工测量外业 PDA 数据采集软件的主要功能包括：

1）水准线信息。实现增加水准线、修改水准线参数信息、删除水准线、浏览水准线参数信息，还可以通过"首记录"、"尾记录"、"前一记录"、"后一记录"等进行滚动定位，定位到某条水准线时，可以对该水准线信息进行浏览、编辑、删除等操作。

2）水准线测量。可以对水准线数据进行浏览、修改、删除等操作。可以自动编号，自动完成前视、后视之间的转换，以减轻手工录入的工作量，提高外业的效率。

3）水准线计算。水准测量完成后，可以进行水准线计算。分别计算每条水准线的允许值，闭合差，加高程值，减高程值，计算高程，改正高程等相关信息，对于闭合差超限的进行提示，需要重新进行测量。

4）管线测量。对各种管线同时进行测量并记录，对每条管线分别进行计算，并把计算结果写入管线调查结果。可以接收全站仪的测量数据，自动完成测站、前视、后视之间的转换，并自动编号。记录管线整体信息，包括管线线号、材质、压力、权属单位、埋设方式、估读秒、日期等。实现增加管线、修改管线参数信息、删除管线、浏览管线参数信息等功能。

5）管线计算。管线测量完成后，可以进行管线计算。除分别计算每条管线的 Y 坐标、X 坐标等相关信息外，还可以把管线测量的计算结果写入管线调查文件。

6）管线调查。包括管线种类、线号、点号、高程种类、管线方向、量高、管径、管偏方向、管偏、构筑物、有无小室、井面高、备注等内容，每一个调查点可能有多条管线，每条管线可能有多个连通方向。

7）输出管线调查和测量成果，供下一步的内业数据处理、整合工作使用。

（2）管线竣工测量成果数据处理软件

管线竣工测量成果数据处理软件主要用于数字化已有管线资料档案，或处理整合外业新增管线竣工测量数据成果。使用统一的竣工测量数据处理软件，将使各测量单位汇交的管线数据采用统一的汇交模式、标准和规范，为综合管廊数据建库工作打下基础。

管线竣工测量成果数据处理软件主要包括以下功能：

1）数据录入功能，即录入管线图形和属性数据。软件应提供录入管线点、线、标注、小室和辅助线的功能，并在数据录入中实时处理管偏问题。

2）数据编辑功能，可修改管线位置和属性，并实现管线和管点的联动，以及自动标注。

3）错误检查功能，可以根据点、线及小室的相互关系，检查在数据录入中存在的错误并进行标识，方便作业员根据问题进行检查修改。

4）数据交换功能，即可以接收 PDA 数据采集软件调查和测量成果。

5）数据显示功能，采用符号化的方法显示地下管线数据。

6）背景图显示功能，在显示地下管线数据的同时，可以加载不同比例尺的图形作为管线系统的背景，用于目视检验地下管线数据的图形合理性。

7）查询功能，用户可以通过鼠标选择、框定屏幕范围，在屏幕上选择管线进行属性查询，也可以通过输入坐标范围或其他条件查询满足条件的管线资料。如输入管线的图号、线号、归档号、管材、管线铺设年代等。

8）资料统计功能，可按图号、线号、种类、范围、材质、管径等多种方式统计管线长度、管井数量等。

9）成果输出功能，即按照综合地下管线信息系统的要求将录入的管线竣工测量成果以报表或图纸方式输出管线竣工测量成果。

管线竣工测量成果数据处理软件设计时应特别注意以下两个问题：

1）管线联动编辑。管线的分层不代表管线的点、连接、小室、标注的独立，在进行数据操作过程中，应保证地下管线的点、线和小室的有机连接。首先，全部的数据入口是管线点及其属性的录入，管线连接必须在两端具有管点并有对应方向的情况下才可以增加，其属性取值必须从点的对应方向获得。其起点和终点通过管点的坐标以及管偏方向和管偏值计算得到，不一定与起止点坐标相同。删除管点的同时删除与该点连接的管线连接。另外管线标注等内容有特定的字段与其标注的点线关联，在进行点线增删操作中同时增删相关标注内容。小室编辑等操作必须通过所包含的点进入。

2）井、管偏与管线位置。在传统的管线测绘中，管线的基本属性都是保存在井（管线测量点）之上的，对于直埋管线，管线的实际位置是穿过测量点，而对于大多数有井的管线而言，井中位置与实际管线的位置有所偏差，测量中全部测量井的中心，这样必须通过参数进行修正。这些参数包括管线方向、管偏方向和管偏值。必须在数据处理软件中既保留原始测绘成果，又要保证管线与实际情况相符，另外，一个管线井中可能有多条管线穿过，每条管线的方向、高程、管偏及管偏值都不相同，有的管线在同一方向上有多条管线，必须在管线连接中有正确的位置和属性值。

2. 管线数据库的增量更新

通过比对管线工程竣工测量图或地下管线专业图与管线数据库的差异，将新增管线信息追加（转绘）到数据库，已不存在的管线进行删除。

管线数据库的更新面临着新数据的产生和部分旧数据的失效，这部分失效的数据虽然不再现状，但对客户来讲可能仍具有很大的使用价值或保存价值，例如，有些管线虽然已注销不再使用，但物理上并没有拆除。因此，在建立管线数据库时，可同时建立两个结构相同的管线数据库，一个存放现状数据，一个存放已失效数据。在对数据更新以前，首先要保护好这部分失效数据。将所有失效地物从现状数据库剪切到失效数据库，并注明该地物失效的种类——注销或拆除。失效的管线数据处理完后可导出现状管线数据，对新增或发生变化的管线数据依地下管线竣工图或专业图进行现状编辑处理。编辑完成后，应进行严格的接边处理、完整目标合并处理、图面检查和逻辑关系检查，确保无误后，应用商业软件将采集的现状管线数据导入管线现状库中。

为便于记录和对外发布管线数据库增量更新情况，设计了一个管线数据库更新增量文件。所谓增量文件（*DeltaFile*）是指更新后数据集与原始数据集的差文件。由于更新后数据集和失效数据集存储了管线数据库的所有时态的空间信息和属性信息，因此增量文件不再存储具体空间目标的空间信息和属性信息，而只存储发生变化空间目标的所在图层、关键字以及变化时间、内容、原因。表 8-4 是一种简单形式的增量文件。

地形图数据库更新增量文件的结构　　　　　　　　　　　　　表 8-4

图层名	关键字	版本号	变更类型	变更原因	变更时间

其中变更类型可以包括新增、删除（包括注销和拆除）、属性变更（没有发生图形变更，细分为属性变更增和属性变更删）、图形变更（至少发生了图形变化，也可以同时包括了属性变化；细分为图形变更增和图形变更删）；新增目标的版本号为 1，目标发生一次图形变更或属性变更其版本号增加 1。

3. 数据库更新后要素拓扑关系的重建

在对管线数据库内数据实施更新后，需要对变化区域要素重建拓扑关系，有拓扑关系错误的应进行编辑修改，并将各要素的属性项补充完整。在对管线数据库数据进行更新后，应对数据库的元数据进行相应修改，按照元数据库结构录入修改后的元数据。有的软件具有元数据自动更新功能，该步骤可以省略。管线数据库更新后，可按日期、变更类型、图层、关键字等发布或查询管线数据的增量更新情况，依据查得的管线地物的关键字可以查询该地物的详细信息。

8.4　安全设计

8.4.1　远程访问的安全性

对于从外部拨号访问总部内部局域网的用户，由于使用公用电话网进行数据传输所带来的风险，必须严格控制其安全性。

首先，应严格限制拨号上网用户所能访问的系统信息和资源，这一功能可通过在拨号访问服务器后设置的防火墙来实现。

其次，应加强对拨号用户的身份验证功能，使用一些专用身份验证协议和服务器。一方面，可以实现对拨号用户账号的统一管理；另一方面，在身份验证过程中采用加密手段，避免用户口令泄密的可能性。

8.4.2 Internet 安全解决方案

网络系统与 Internet 互连的第一道屏障就是防火墙。其主要作用是在网络入口点检查网络通信，根据客户设定的安全规则，在保护内部网络安全的前提下，提供内外网络通信。设置防火墙的要素包括：

（1）网络策略：影响防火墙系统设计、安装和使用的网络策略可分为两级，高级的网络策略定义允许和禁止的服务以及如何使用服务，低级的网络策略描述防火墙如何限制和过滤在高级策略中定义的服务。

（2）服务访问策略：服务访问策略集中在 Internet 访问服务以及外部网络访问（如拨入策略、SI.IP/PPP 连接等）。

服务访问策略必须是可行的和合理的。可行的策略必须在阻止已知的网络风险和提供用户服务之间获得平衡。典型的服务访问策略是，允许通过增强认证的用户在必要的情况下从 Internet 访问某些内部主机和服务；允许内部用户访问指定的 Internet 主机和服务。

（3）防火墙设计策略：防火墙设计策略基于特定的防火墙，定义完成服务访问策略的规则。通常有两种基本的设计策略：允许任何服务（除非被明确禁止）；禁止任何服务（除非被明确允许）。通常采用第二种类型的设计策略。

（4）增强的认证：许多在 Internet 上发生的入侵事件源于脆弱的传统用户 / 口令机制。多年来，用户被告知使用难于精测和破译的口令，虽然如此，攻击者仍然在 Internet 监视传输的口令明文，使传统的口令机制形同虚设。增强的认证机制包含智能卡，认证令牌、生理特征（指纹）以及基于软件（RSA）等技术，来克服传统口令的弱点。

8.4.3 应用软件的安全解决方案

1. 利用应用软件本身的安全机制

应用系统在系统登陆时，首先要对用户身份进行验证，表现形式就是要求用户输入自己合法用户名和口令，只有通过身份验证的用户才能使用系统。

用户在通过其身份验证之后，并不意味着他在系统中想干什么就可以干什么，必须要约束用户对数据库操作，对于用户在数据库中可以拥有哪些系统权限，可以查询哪些表以及表上的哪几个字段，可以对哪些表以及表上的哪几个字段可以进行增、删、改的操作，诸如这些问题都可以通过是使用数据库的权限与角色机制来实现。

2. 三层结构安全体系保障

应用系统的体系结构采用三层式体系结构，三层体系结构是将应用功能分成表示层、功能层和数据层三部分。其解决方案是：对这三层进行明确分割，并在逻辑上使其独立，原来的数据层作为 DBMS 已经独立出来。三层体系结构的一个重要的优点就是可以进行严密的安全管理。越是关键的应用，用户的识别和存取权限设定越重要。在三层结构中，识别用户的机构是按层来构筑的，对应用和数据的存取权限也可以按层进行设定。例如，即使外部的入侵者突破了表示层的安全防线，若在功能层中备有另外的安全机构，系统也可以阻止入侵者进入其他部分。同样，即使外部的入侵者突破了功能层的安全防线，最后还有数据层的安全体系作屏障。

采用三层体系结构一个重要的安全优势在于只需在功能层与数据层安装数据库厂商的网络通信协议，表示层与功能层之间不需要安装数据库厂商的网络通信协议，这就杜绝了前端通过数据库厂商的网络通信协议直接攻击数据库的可能，大大地提高了系统的安全性。

8.4.4　网络安全管理

系统安全可以采用多种技术来增强和执行。但是，很多安全威胁来源于管理上的松懈及对安全威胁缺乏认识。安全威胁主要利用以下途径：

（1）系统实现存在的漏洞；

（2）系统安全体系的缺陷；

（3）使用人员的安全意识薄弱；

（4）管理制度的薄弱。

良好的系统管理有助于增强系统的安全性，主要措施有：

（1）及时发现系统安全的漏洞；

（2）审查系统安全体系；

（3）加强对使用人员的安全知识教育；

（4）建立完善的系统管理制度。

面对网络安全的脆弱性，除在网络设计上增加安全服务功能，完善系统的安全保密措施外，还必须花大力气加强网络的安全管理。因为诸多不安全因素恰恰反映在组织管理和人员录用等方面，而这又是计算机网络安全所必须考虑的基本问题，所以应引起各级部门的重视。下面，提出有关信息系统安全管理的若干原则和实施措施，以供参考。

1. 安全管理原则

计算机信息系统的安全管理主要基于三个原则：

（1）多人负责原则：每项与安全有关的活动都必须有两人或多人在场，这些人应是系统主管领导指派的，应忠诚可靠，能胜任此项工作。

（2）任期有限原则：一般地讲，任何人最好不要长期担任与安全有关的职务，以免误认为这个职务是专有的或永久性的。

（3）职责分离原则：除非系统主管领导批准，在信息处理系统工作的人员不要打听、了解或参与职责以外安全有关的任何事情。

2. 安全管理的实现

信息系统的安全管理部门应根据管理原则和该系统处理数据的保密性，制定相应的管理制度或采用相应规范，其具体工作是：

（1）确定该系统的安全等级；

（2）根据确定的安全等级，确定安全管理的范围；

（3）制定相应的机房出入管理制度，对安全等级要求较高的系统，限制工作人员出入与己无关的区域；

（4）制定严格的操作规程，操作规程要根据职责分离和多人负责的原则，各负其责，不能超越自己的管辖范围；

（5）制定完备的系统维护制度，系统维护时，要首先经主管部门批准，并有安全管理人员在场、故障原因、维护内容和维护前后的情况要详细记录；

（6）制定应急措施，要制定在紧急情况下，系统如何尽快恢复的应急措施，使损失减至最小；

（7）建立人员雇用和解聘制度，对工作调动和离职人员要及时调整相应的授权。

安全系统需要由人来计划和管理，任何系统安全设施也不能完全由计算机系统独立承担系统安全保障的任务，一方面，各级领导一定要高度重视并积极支持有关系统安全方面的各项措施；其次，对各级用户的培训也十分重要，只有当用户对网络安全性有了深入了解后，才能降低网络信息系统的安全风险。

　　总之，制定系统安全策略、安装网络安全系统只是网络系统安全性实施的第一步，只有当各级组织机构均严格执行网络安全的各项规定，认真维护各自负责的分系统的网络安全性，才能保证整个系统的整体安全性。

参考文献

[1]   胡静文，罗婷.城市综合管廊特点及设计要点解析 [J].城市道桥与防洪，2012（12）：196-198.

[2]   杨琨.浅谈城市综合管廊的设计 [J].城市道桥与防洪，2013（5）：236-239.

[3]   姚枝良.石家庄正定新区隆兴大道综合管廊设计 [J].中国市政工程，2014（3）：49-51.

[4]   詹洁霖.城市综合管廊布局规划案例研究 [J].城市道桥与防洪，2013（10）：67-71.

[5]   刘应明等.城市地下综合管廊工程规划与管廊 [M].北京，中国建筑工业出版社，2016.

[6]   范翔.城市综合管廊工程重要节点设计探讨 [J].给水排水，2016.42（1）：117-122.

[7]   高乃会.地下管沟的防水渗漏 [J].山西建筑，2006，32（3）：144-145.

[8]   萧岩，黄谦，刘喜明，等.市政综合管沟技术探讨 [J].市政技术，2000（4）：34-40.

[9]   章友俊，彭栋木.共同沟开发与建设的思考 [J].市政技术，2004，22（4）：214-215.

[10]   彭芳乐，孙德新，袁大军，等.城市道路地下空间与共同沟 [J].地下空间与工程学报，2003，23（4）：421-426.

[11]   陈虹.共同沟的通风设计.发电与空调，2003，22（3）：11-12.